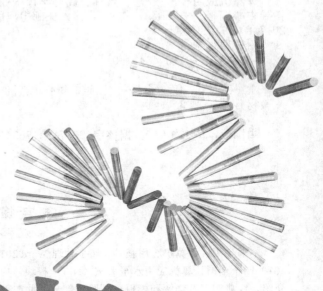

计算机

应用技术教程

第2版 | 附微课视频

JiSuanJi
YingYong JiShu JiaoCheng

◎ 吉林省高等学校毕业生就业指导中心 编著

U0390756

人民邮电出版社

北 京

图书在版编目（CIP）数据

计算机应用技术教程 / 吉林省高等学校毕业生就业指导中心编著. -- 2版. -- 北京 ：人民邮电出版社，2017.8（2017.10重印）
附微课视频
ISBN 978-7-115-46491-0

Ⅰ．①计… Ⅱ．①吉… Ⅲ．①电子计算机－高等学校－教材 Ⅳ．①TP3

中国版本图书馆CIP数据核字(2017)第176541号

内 容 提 要

　　本书介绍了计算机应用基础、文字处理 Word 2010、电子表格 Excel 2010、演示文稿 PowerPoint 2010 四个全国计算机应用水平考试（NIT）模块，内容包括每个模块的考试大纲和所涉及的知识点介绍、经典例题及详解和模拟试题四个部分，并在需要重点讲解的部分加注了二维码视频，方便用户通过纸质图书及手机扫描二维码等渠道实现立体式学习。

　　本书在编写过程中力求做到知识面全、讲解细致、实用性强、紧贴考试真题、简明易懂，可以作为全国计算机应用水平考试（NIT）的培训指导教材及作业布置范本，也可作为大、中专院校教学参考教材和行业企业计算机应用基础及办公自动化的培训教程。

　◆ 编　　著　吉林省高等学校毕业生就业指导中心
　　责任编辑　武恩玉
　　执行编辑　刘　尉
　　责任印制　陈　犇

　◆ 人民邮电出版社出版发行　　北京市丰台区成寿寺路 11 号
　　邮编　100164　电子邮件　315@ptpress.com.cn
　　网址　http://www.ptpress.com.cn
　　北京九州迅驰传媒文化有限公司印刷

　◆ 开本：787×1092　1/16
　　印张：13.5
　　字数：355 千字　　　　　2017 年 8 月第 2 版
　　　　　　　　　　　　　　2017 年 10 月北京第 2 次印刷

定价：39.80 元
读者服务热线：(010)81055256　印装质量热线：(010)81055316
反盗版热线：(010)81055315
广告经营许可证：京东工商广登字 20170147 号

吉林省全国计算机应用水平考试（NIT）
培训教材编审委员会

前　言

人类社会已经进入信息时代，计算机的应用日益深入到人们工作、学习和生活的各个方面，越来越多的人迫切希望掌握计算机的应用技术。因此，计算机应用技术的普及教育成为计算机教育工作的重要内容。

全国计算机应用水平考试（National Applied Information Level Test，NIT）是中华人民共和国教育部教育考试中心主办的计算机应用技能培训考试。它借鉴了英国剑桥大学考试委员会举办的"剑桥信息技术（CIT）"考试的成功经验并与之接轨，结合我国计算机教育和学习的实际情况，根据计算机应用技能培训考试的特点，针对用人单位录用干部、评定职称、晋升职务和上岗培训的需求，采用了系统化的设计、模块化的结构、个性化的教学、过程化的考试和国际化的标准，实行以实践为主的操作培训和技能考试，给用人单位提供了一个客观、统一、公正的标准，适合各种行业人员岗位培训的需要，可作为用人单位录用、考核工作人员的参考，并得到了计算机教育专家的认可和社会各界的欢迎。

NIT 以建构主义学习理论为指导思想，以任务驱动的原则为教学模式，采用指导评估的方式进行能力考核，侧重培养考生的实际应用技能，着重考察考生的独立操作能力。它根据计算机技术发展的特点和学习者的实际需要采用了模块化结构，各模块设置灵活并与工作岗位紧密结合，强调考生的创造精神和实践能力，便于考生根据从事的工作性质选学有关模块，用人单位也可以根据工作性质选择所需人才的知识组合。NIT 分为过程考试、作业设计及上机考试 3 个阶段，考生在培训过程中根据培训考试大纲的要求，完成过程式考核及作业设计，上机考试针对考生的独立操作能力和独立解决问题的能力进行综合测试。

吉林省 NIT 始于 2003 年，十几年来，经过全省各界的团结协作和坚持不懈的努力，NIT 在吉林省蓬勃发展起来，特别是近年来吉林省 NIT 逐步实现规范化、系统化，受到全省大、中专院校学生和用人单位的广泛认可和接受。为了适应 NIT 蓬勃发展的趋势，也为了促进和规范 NIT 的培训和考试工作，实现考试培训的规范统一，满足广大考生的考试要求，帮助考生顺利地在 NIT 中取得优异成绩，针对 NIT 侧重培养和测试考生在计算机应用领域的独立操作能力的特点，笔者在深入研究考试大纲和历年真题的基础上，结合多年从事 NIT 教学实践的经验编写了本书。本书在编写过程中紧扣大纲，结构清晰，考点全面，重点突出，针对性强，力求做到概念准确，语言清晰，易学易用。本书以任务驱动的方式，通过例题、模拟题的形式引导读者在完成每个任务的过程中学会相应的操作，掌握计算机的应用技能。因此，本书不仅适用于 NIT 的培训和考试，也适用于大、中专院校教学参考以及行业培训。

目　录

第四篇　演示文稿篇

第一篇 计算机应用基础篇

第一部分
计算机应用基础考试大纲
（2015 年版）

一、考试对象

本考试针对完成 NIT 课程"计算机应用基础"学习的所有学员，以及掌握了计算机应用相关知识和技能的学习者。

二、考试介绍

1. 考试形式：无纸化考试，上机操作。

2. 考试时间：120 分钟。

3. 考试内容：计算机应用基础考试内容涉及计算机基础知识、Windows 基本操作、文字处理及表格制作、电子表格应用、演示文稿制作、网页浏览和邮件收发等，使学员能够满足用人单位对员工日常办公技能的要求。

4. 考核重点：通过选择题考核学员对计算机知识的掌握能力，上机操作题重点考核学员日常办公软件的应用能力。

5. 软件要求：

操作系统：Windows 7

应用软件：Microsoft Office 2010 办公软件

输入法：拼音、标准、五笔输入法

三、考试要求及内容

序号	能力目标	具体要求	考试内容
一	基础知识	掌握计算机的发展历史、系统结构、工作原理等基础知识；掌握计算机的主要性能指标及常用配置；掌握计算机安全使用与计算机网络的基础知识	1. 计算机的主要性能指标
			2. 计算机系统的基本配置
			3. 计算机软件的功能与分类
			4. 计算机硬件系统的构成
			5. 存储器的分类与功能

序号	能力目标	具体要求	考试内容
			6. 输入、输出设备的功能与使用
			7. 计算机病毒特征与防治
			8. 网络的概念和基本知识
			9. 多媒体的基本概念、应用和组成
二	基础操作	能够在 Windows 环境下对文件、文件夹进行熟练操作；掌握计算机的基本设置、个性化计算机设置和账户管理；掌握 Windows 中应用程序的使用	10. 文件操作（查找、复制、移动、删除、重命名、属性设置）
			11. 文件夹操作（创建、查找、复制、移动、删除、重命名和属性设置）
			12. 文件和文件夹的共享
			13. 开始菜单和任务栏的设置
			14. 快捷方式的建立
			15. 资源管理器的设置（外观、布局、查看方式、排序和分组等）
			16. 文件夹选项的设置
			17. 回收站的设置
			18. 安装和卸载程序
			19. 输入、输出设备设置（键盘、鼠标和打印机）
			20. 显示器及屏幕个性化的设置
			21. 桌面小工具的使用
			22. 系统日期/时间的设置
			23. 区域和语言的设置（含输入法设置）
			24. 系统设置（系统属性、设备管理、远程设置、系统保护）
			25. 系统更新（Windows Update）
			26. 电源管理
			27. 用户账户（创建、删除、更改类型、名称、密码和图片）
			28. 家长控制的设置
			29. 附件的使用（画图、记事本、截图工具、计算器）
三	文字处理	在 Word 环境下能对文档熟练操作；对文档中的文字、图片等各种常用对象进行编辑、修改及修饰；掌握页面效果设置	30. Word 文档的操作（新建、打开与保存）
			31. 在文档中插入文件
			32. 插入符号、系统日期和时间
			33. 文本编辑（输入、移动、复制和删除）
			34. 文本的查找和替换（文本和格式文本的查找与替换）
			35. 字体的设置（字体、字型、字号、颜色、效果和拼音指南）

序号	能力目标	具体要求	考试内容
			36. 段落格式的设置（缩进、间距、对齐、边框、底纹）
			37. 首字下沉的设置
			38. 页面边框和页面背景的设置
			39. 主题的设置（主题的定义、颜色、字体和效果）
			40. 分栏的设置
			41. 项目符号、自动编号和多级列表的设置
			42. 页眉与页脚的设置（页眉、页脚和页码）
			43. 文本框、形状的插入与设置
			44. 页面设置（页边距、纸张大小、纸张方向、版式和文档网格）
四	表格制作	在 Word 环境下，熟练完成表格的插入、编辑和修饰	45. 表格的插入与删除
			46. 单元格的合并和拆分、表格的拆分
			47. 文本与表格的相互转换
			48. 表格样式的设置
			49. 表格的编辑（单元格、行和列的插入与删除）
			50. 表格格式的设置（行高和列宽设置、表格和单元格对齐设置）
			51. 表格边框与底纹的设置
五	数据处理	在 Excel 环境下能对工作表、工作簿、单元格熟练操作；对 Excel 中的文字、图片、表格等各种常用对象进行编辑修改；熟练使用 Excel 中提供的公式、函数、排序、筛选等数据操作功能；能按照需求对文档打印输出	52. 工作簿的操作（新建、打开和保存）
			53. 工作表的编辑（插入、删除、移动、复制、更名和标签颜色）
			54. 数据的编辑（录入、移动、复制和清除）
			55. 插入、删除行、列或单元格
			56. 隐藏行、列或工作表
			57. 单元格格式的设置（单元格格式、行高和列宽、合并单元格、边框、底纹、对齐方式）
			58. 单元格内容格式的设置（字体、数字格式）
			59. 条件格式的设置
			60. 公式编辑
			61. 常用函数的使用（sum()、average()、count()、max()、min()）
			62. 表格样式的设置
			63. 数据有效性的设置
			64. 删除重复项操作
			65. 图表的插入（创建、类型、区域、位置）
			66. 图表的编辑（图例、各种标题、数据标志及格式）

续表

序号	能力目标	具体要求	考试内容
			67. 数据处理（自动筛选、分类汇总、排序）
			68. 设置打印格式（页面布局、打印标题等）
			69. Excel 选项的设置（常规、公式、保存、高级选项和自定义功能区）
六	演示文稿制作	在 PowerPoint 环境下能对演示文稿、幻灯片、演示文稿中的文字、图片、文本框、SmartArt 等对象熟练操作；能按照需求熟练设置动画、幻灯片切换方式和放映方式	70. 演示文稿操作（新建、打开、保存）
			71. 幻灯片操作（插入、删除、移动和复制等）
			72. 文字编辑（录入、复制、删除、修改）
			73. 文字样式的设置（字体、字形、字号、阴影效果、颜色、对齐方式）
			74. 应用幻灯片版式
			75. 幻灯片设计（主题、背景）
			76. 母版的设置
			77. 插入、删除对象（插入图片、形状、剪贴画、文本框、影片和声音、图表、表格、超链接）
			78. 对象大小和位置的设置（尺寸和旋转、缩放比例和定位）
			79. 对象边框颜色和线条处理（填充、线条、箭头）
			80. SmartArt 的插入和编辑
			81. 幻灯片切换
			82. 动画效果设置
			83. 幻灯片放映设置
			84. 幻灯片页眉页脚设置
七	网络应用	熟练利用浏览器进行网页浏览和信息下载，并掌握电子邮件的撰写和收发	85. 网页操作（打开网页、各种链接、保存网页和图片）
			86. 收藏夹（添加、删除、移动、重命名）
			87. Internet 选项（清除历史记录、默认页设置、打开方式）
			88. 电子邮件的发送与回复
			89. 邮件内容撰写（标题、正文、附件、格式）

第二部分
知识点介绍

计算机应用基础模块要求考生掌握计算机的发展历史、系统结构、工作原理等基础知识；掌握计算机的主要性能指标及常用配置；掌握计算机安全使用与计算机网络的基础知识；能够在Windows 环境下对文件、文件夹进行熟练操作；掌握计算机的基本设置、个性化计算机设置和账户管理；掌握 Windows 中应用程序的使用；熟练使用文字处理、电子表格、演示文稿；熟练利用浏览器进行网页浏览和信息下载，并掌握电子邮件的撰写和收发。

一、计算机的基本概念与发展

电子计算机是由一系列电子元器件组成的机器，在软件的控制下进行数值计算和信息处理。自 1946 年第一台电子计算机问世以来，计算机科学得到了飞速发展，尤其是微型计算机的出现和计算机网络的发展，使计算机的应用渗透到了社会的各个领域，有力地推动了信息社会的发展。

（一）计算机的定义

计算机是一种能按照事先存储的程序，自动、高速、准确地进行大量数值计算和各种信息处理的现代化智能电子装置。

（二）计算机的诞生与发展阶段

1. 电子计算机的诞生

美国宾夕法尼亚大学莫尔学院的莫克利（Mauchly）、艾克特（Eckert）等人于 1946 年设计制造了世界上第一台电子数字积分计算机（Electronic Numerical Integrator And Calculator，ENIAC），并供美国军方使用。

随后，数学家冯·诺依曼（John von Neumann）发表了一个全新的"存储程序通用电子计算机方案"——EDVAC（Electronic Discrete Variable Automatic Computer 的缩写）。

从此，计算机从实验室研制阶段进入工业化生产阶段，其功能从科学计算扩展到数据处理，计算机产业化趋势开始形成。

2. 计算机发展的阶段

计算机的发展是随着电子技术的发展作为变革标志，一般将计算机的发展划分为四个重要的发展阶段。

第一阶段（1946 年～1957 年）为电子管计算机时代。

第二阶段（1958 年～1964 年）为晶体管计算机时代。

第三阶段（1965 年～1971 年）为集成电路计算机时代。

第四阶段（1971 年以后）为大规模和超大规模集成电路计算机时代。

（三）计算机的发展方向

1. 电子计算机的发展趋势

① 巨型化；② 微型化；③ 网络化；④ 智能化。

2. 非冯·诺依曼结构计算机

该研究主要有两大方向：一是创造新的程序设计语言，即所谓的"非冯·诺依曼"语言；二是从计算机元件方面进行研究，如研究生物计算机、光计算机、量子计算机等。

二、计算机系统结构

（一）计算机系统组成

一个完整的计算机系统包含计算机硬件系统和计算机软件系统两大部分，如图 1-1 所示。

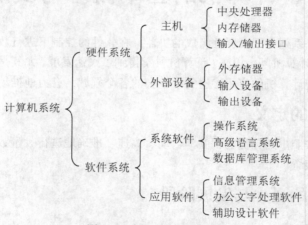

图 1-1　计算机系统的组成

（二）计算机系统的层次结构

作为一个完整的计算机系统，硬件和软件是按一定的层次关系组织起来的。最内层是硬件，完全由逻辑电路组成，通常称为裸机。硬件的外层是操作系统，而操作系统的外层是其他的应用软件，最外层是用户程序或文档，如图 1-2 所示。

图 1-2　计算机系统的层次结构

三、计算机的硬件系统

计算机的硬件系统应由 5 个基本部分组成：运算器、控制器、存储器、输入设备和输出设备。其基本组成结构如图 1-3 所示。

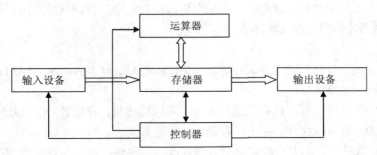

图 1-3 计算机硬件系统基本结构

冯·诺依曼描述了 5 个基本组成部分的功能及相互关系，提出了"采用二进制"和"存储程序"两个重要基本思想。冯·诺依曼结构的特点可归结如下：

① 计算机由运算器、存储器、控制器、输入设备和输出设备 5 大部件组成；

② 指令和数据均用二进制码表示；

③ 指令在存储器中按顺序存放。通常指令是顺序执行的，在特定条件下，可根据运算结果或设定的条件改变执行的顺序。

（一）中央处理器

中央处理器 CPU 是计算机的心脏，主要由运算器和控制器组成，通常集中在一块芯片上，是计算机系统的核心器件。计算机以 CPU 为中心，输入和输出设备与存储器之间的数据传输和处理都通过 CPU 来控制执行。

1. 运算器

运算器又称算术逻辑单元（Arithmetic Logic Unit，ALU），是计算机对数据进行加工处理的部件，由各种逻辑电路组成，运算器主要包括算术逻辑单元（ALU）和寄存器。运算器主要负责执行各种算术运算和逻辑运算。

2. 控制器

控制器（Control Unit，CU）是指挥整个计算机的各个部件有条不紊工作的核心部件。

3. CPU 的性能指标

（1）时钟频率

时钟频率又称主频，它是衡量 CPU 运行速度的重要指标。它是指时钟脉冲器输出信号的频率，单位是 Hz。对同一类型的计算机而言，可用它描述系统的运算速度，主频越高，运算速度越快。

（2）字长

字长是指 CPU 一次可以直接处理的二进制数码的位数，它通常取决于 CPU 内部通用寄存器的位数和数据总线的宽度。字长一般是字节（8 个二进制位）的整数倍，如 8 位、16 位、32 位、64 位等。字长越大，CPU 处理信息的速度越快，运算精度越高。

（3）集成度

集成度也是衡量 CPU 的一个重要技术指标。集成度指 CPU 芯片上集成的晶体管的密度。最早的 Intel 4004 的集成度为 2250 个晶体管，Pentium III 的集成度已经达到 950 多万个晶体管，集成度提高了 3000 多倍。

（二）存储器

存储器是计算机的记忆和存储部件，用来存储数据和程序。存储器分为内存储器（简称内存或主存）、外存储器（简称外存或辅存）。

1. 内存

内存按存取方式又可分为随机存取存储器（Random Access Memory，RAM）和只读存储器（Read Only Memory，ROM）。

随机存取存储器又称读写存储器，其特点是：可以读或写；存取任一单元所需的时间相同；通电时存储器内的内容可以保持，断电后存储的内容立即消失。

ROM 中的信息只能读出而不能重新写入和修改，其存储的信息是在生产该存储器时用专门仪器写入的。计算机断电后，ROM 中的信息不会丢失。ROM 常用来存放一些专用固定的程序、数据和系统配置软件。

2. 外存储器

外存又称为辅助存储器，它是内存的扩充，主要包括以下几种。

① 软磁盘存储器。

② 硬磁盘存储器。

③ 光盘存储器。

④ 移动外存储器。

3. 存储器的主要性能指标

（1）存储容量

存储容量是指每一个存储芯片或模块能够存储的二进制位数。常用单位有 b（bit，位/比特）、B（Byte，字节）、KB（Kilo Byte，千字节）、MB（Mega Byte，兆字节）、GB（Giga Byte，吉字节）、TB（Tera Byte，太字节）等。

其中，b 表示"位"，二进制数序列中的一个 0 或一个 1 就是一位，也称之为一个比特。字节（Byte）是计算机中最常用、最基本的内存单位。一个字节等于 8 个比特，即 1Byte = 8bit。

$1KB = 1\,024B = 2^{10}B$；　　　　　　$1MB = 1\,024KB = 2^{20}B$；

$1GB = 1\,024MB = 2^{30}B$；　　　　　　$1TB = 1\,024GB = 2^{40}B$。

（2）存取速度

存取速度是指从 CPU 给出有效的存储器地址到存储器输出有效数据所需要的时间。内存的存取速度通常以 ns 为单位。内存的存取速度关系着 CPU 对内存读/写的时间，不同型号规格的内存有不同的速度。

（三）输入/输出设备

输入/输出设备简称 I/O 设备，它是外部与计算机交换信息的渠道，用户通过输入设备将程序、数据、操作命令等输入计算机，计算机通过输出设备将处理的结果显示或打印出来。最常用的输入设备有键盘、鼠标，最常用的输出设备有显示器、打印机。

1．键盘

键盘是向计算机提供指令和信息的必备工具之一，是计算机系统一个重要的输入设备。它通过一条电缆线连接到主机机箱，主要用于输入数据、文本、程序和命令。常用键盘有 101 键、104 键之分。按照各类按键的功能和排列位置，可将键盘分为 5 个功能区域：打字机键区、光标键区、小键盘区、功能键区和指示灯面板区，如图 1-4 所示。

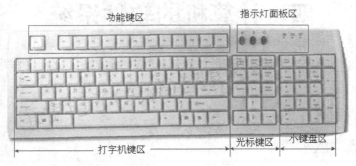

图 1-4　键盘示意图

PC 机上的键盘接口有 3 种：第一种是比较老式的直径 13mm 的 PC 键盘接口，现在已基本被淘汰；第二种是直径 8mm 的 PS/2 键盘接口，这种接口目前也较少使用；第三种是 USB 接口，USB 接口的键盘现在已经普遍流行。

2．鼠标

鼠标是当代计算机不可缺少的一种重要输入设备，它在专利证书上的正式名称为"屏幕坐标位置指示器"。作为输入设备，鼠标可以极大地方便对软件的操作，尤其是在图形环境下的操作。鼠标的分类有如下几种。

按照工作的原理分类：可分为机械式鼠标和光电式鼠标。

按照接口类型分类：有 PS/2 接口鼠标、串行接口鼠标、USB 接口鼠标。

3．显示器

显示器是计算机中最重要的输出设备，是人机交互的桥梁。它的主要功能是以数字、字符、图形、图像等形式显示计算机各种设备的状态和运行结果，显示用户编辑的各种程序、文本、图形和图像。显示器通过显卡连接到系统总线上，显卡负责将需要显示的图像数据转换成视频控制信号，控制显示器显示图像。

常用的显示器有阴极射线管监视器（CRT）和液晶显示器（LCD）两种。

4．打印机

打印机也是计算机中最重要的输出设备之一，它可以将计算机运行的结果、文本、图形、图像等信息打印在纸上。现在打印机与主机之间的数据传送方式主要采用并行口和 USB 口。

打印机的种类有很多，可以按照不同的方式分类。

按照打印原理可分为：击打式打印机和非击打式打印机。

按照接收主机的数据类型可分为：字符方式和图形方式。

5．设备驱动程序

（1）设备驱动程序的一般概念

设备驱动程序是一种软件，其作用是对连接到计算机系统的设备进行控制驱动，使设备能够正常工作。在当前流行的几乎所有的操作系统中，设备驱动程序都被认为是最核心的一类软件，处于操作系统的最深层。

（2）硬件设备的"即插即用"概念

即插即用（Plug & Play，PnP），是一项用于自动处理 PC 硬件设备安装的工业标准，由 Intel 和 Microsoft 两大公司联合制定。

四、计算机的软件系统

计算机的软件系统是相对于硬件而言的，它包括计算机运行所需的各种程序、数据及其有关技术文档资料。

（一）计算机软件的层次结构

计算机软件的层次结构如图 1-5 所示。

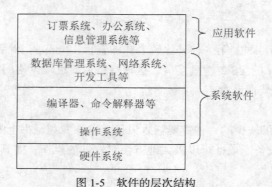

图 1-5　软件的层次结构

（二）系统软件

系统软件是计算机系统中最靠近硬件层次的软件。系统软件是用于管理、控制和维护计算机系统资源的程序集合，如操作系统、汇编程序、编译程序等都是系统软件。此外还有支撑其他软件的开发与维护的软件，如各种接口软件（如 USB 驱动程序、打印机驱动程序）、软件开发工具和环境（如 C 语言、JBuilder）、数据库管理系统（如 Access、Oracle、Sybase）等。系统软件与具体的应用领域无关，解决任何领域的问题一般都要用到系统软件。

（三）应用软件

应用软件是为解决特定应用领域问题而编制的应用程序，如财务管理软件、火车订票系统、交通管理系统等都是应用软件。

（四）计算机语言

软件实际上就是人们事先编写好的计算机程序。编写程序的过程称为程序设计，书写程序用的"语言"，叫作程序设计语言即计算机语言。计算机语言的发展从面向过程，到面向对象，现在又进一步发展成为面向组件，经历了非常曲折的过程。总的来说，计算机语言可以分成机器语言、汇编语言、高级语言和面向对象语言等。

1. 机器语言

机器语言是第一代计算机语言，全部由二进制 0、1 代码组成。它是面向机器的计算机语言。

2. 汇编语言

为了克服机器语言难读、难编、难记和易出错的缺点，人们就用与指令代码实际含义相近的英文缩写词、字母和数字等符号来取代机器代码。

3. 高级语言

高级语言与具体的计算机硬件无关，其表达方式接近于被描述的问题，接近于自然语言和数学语言，易被人们接受和掌握。

4. 面向对象语言

面向对象语言是建立在用对象编程的方法基础上的，是当前程序设计采用最多的一种语言，这种语言具有封装性、继承性和多态性。

五、计算机的系统总线

计算机系统 5 大部件之间是通过总线互连在一起的。总线是计算机中各部件间、计算机系统之间传输信息的公共通路。

系统总线又称为内总线，是指连接计算机中的 CPU、内存、各种输入/输出接口部件的一组物理信号线及其相关的控制电路。它是计算机中各部件间传输信息的公共通路。系统总线传输 3 类信息：数据、地址和控制信息。因此，按照传输信息的不同，可将系统总线分为 3 类：地址总线、数据总线和控制总线。

（1）地址总线（Address Bus，AB）

地址总线主要用来指出数据总线上的源数据或目的数据在内存单元的地址。

（2）数据总线（Data Bus，DB）

数据总线用来传输各功能部件之间的数据信息，它是双向传输总线。

（3）控制总线（Control Bus，CB）

控制总线是用来发出各种控制信号的传输线。对于任意一条控制线而言，它的传输只能是单向的。

六、计算机的特点、分类与应用

（一）计算机的特点

① 运算速度快。

② 计算精确度高。

③ 记忆能力强。

④ 具有逻辑判断能力。

⑤ 具有自动控制能力。

（二）计算机的分类

通用计算机又可按照计算机的运算速度、存储容量、指令系统的规模等综合指标将其划分为巨型机、大型机、小型机、微型机、服务器及工作站。

（三）计算机的应用

现在计算机已经被广泛地应用到社会的各个领域中，从科研、生产、国防、文化、教育、卫生到家庭生活都离不开计算机提供的服务。计算机正在改变着人们的工作、学习和生活方式，推动着社会的发展。其应用领域可归纳为以下几个方面。

① 科学计算。
② 信息处理。
③ 自动控制。
④ 计算机辅助设计与制造。
⑤ 人工智能。
⑥ 多媒体技术应用。
⑦ 计算机仿真。
⑧ 电子商务。

七、信息安全

（一）信息安全的定义

信息安全是指信息网络的硬件、软件及其系统中的数据受到保护，不受偶然的或者恶意的原因而遭到破坏、更改、泄露，系统连续可靠正常地运行，信息服务不中断。

信息安全涉及信息的保密性（Confidentiality）、完整性（Integrity）、可用性（Availability）、可控性（Controllability）和不可否认性（Non-Repudiation）。保密性就是保证信息不泄露给未经授权的人；完整性就是防止信息被未经授权的人篡改；可用性就是保证信息及信息系统确实为授权使用者所用；可控性就是对信息及信息系统实施安全监控；不可否认性就是保证信息行为人不能否认自己的行为。综合起来说，就是要保障电子信息的有效性。

（二）在网络系统中主要的信息安全威胁

① 窃取：非法用户通过数据窃听的手段获得敏感信息。
② 截取：非法用户首先获得信息，再将此信息发送给真实接收者。
③ 伪造：将伪造的信息发送给接收者。
④ 篡改：非法用户对合法用户之间的通信信息进行修改，再发送给接收者。
⑤ 拒绝服务攻击：攻击服务系统，造成系统瘫痪，阻止合法用户获得服务。
⑥ 行为否认：合法用户否认已经发生的行为。
⑦ 非授权访问：未经系统授权而使用网络或计算机资源。
⑧ 传播病毒：通过网络传播计算机病毒，其破坏性非常高，而且用户很难防范。

（三）计算机病毒

计算机病毒是目前网络系统中破坏性非常大的一种信息安全威胁。

1. 计算机病毒的定义

《中华人民共和国计算机信息系统安全保护条例》中对病毒的定义是"计算机病毒是指编制或者在计算机程序中插入的破坏计算机功能或者数据，影响计算机使用，并且能够自我复制的一组计算机指令或者程序代码"。此定义具有法律性和权威性。

2. 计算机病毒的特点

计算机病毒具有以下几个特点。

① 寄生性：计算机病毒寄生在其他程序之中，当执行这个程序时，病毒就起破坏作用，而在未启动这个程序之前，它是不易被人发觉的。

② 传染性：计算机病毒不但本身具有破坏性，更有害的是具有传染性，一旦病毒被复制或产生变种，其传染速度之快令人难以预防。

③ 潜伏性：计算机病毒一般都能潜伏在计算机系统中，当其触发条件满足时，就启动运行。如黑色星期五病毒，不到预定时间都觉察不出来，等到条件具备的时候一下子就爆发出来，对系统进行破坏。

④ 隐蔽性：计算机病毒具有很强的隐蔽性，有的可以通过病毒软件检查出来，有的根本就查不出来，有的时隐时现、变化无常，这类病毒处理起来通常很困难。

3. 计算机病毒的表现形式

计算机受到病毒感染后，会表现出以下不同的症状。

① 机器不能正常启动。

② 运行速度降低。

③ 磁盘空间迅速变小。

④ 文件内容和长度有所改变。

⑤ 经常出现"死机"现象。

⑥ 外部设备工作异常。

⑦ 磁盘坏簇莫名其妙地增多。

⑧ 磁盘出现特别标签。

⑨ 存储的数据或程序丢失。

⑩ 打印出现问题。

⑪ 生成不可见的表格文件或特定文件。

⑫ 显示一些无意义的画面问候语等。

⑬ 磁盘的卷标名发生变化。

⑭ 系统不认识磁盘或硬盘不能引导系统等。

⑮ 在系统内装有汉字库且正常的情况下不能调用汉字库或不能打印汉字。

⑯ 异常要求用户输入口令。

以上列出的仅仅是一些比较常见的病毒表现形式，由于病毒在不断地变异，肯定还会存在一些其他的特殊现象，这就需要由用户自己判断了。

4. 计算机病毒的防范

病毒的繁衍方式、传播方式不断地变化，在目前的计算机系统环境下，特别是对计算机网络而言，要完全杜绝病毒的传染几乎是不可能的。因此，我们必须以预防为主，预防计算机病毒主要从管理制度和技术两个方面进行。

（1）从思想和制度方面进行预防

首先，应该加强立法、健全管理制度。法律是国家强制实施的、公民必须遵循的行为准则。其次，加强教育和宣传、打击盗版。加强计算机安全教育，使计算机的用户能学习和掌握一些必备的反病毒知识和防范措施，使网络资源得到正常合理地使用。

（2）从技术措施方面进行预防

应采用纵深防御的方法，采用多种阻塞渠道和多种安全机制对病毒进行隔离，这是保护计算机系统免遭病毒危害的有效方法。应采取内部控制和外部控制相结合的措施，设置相应的安全策略。

八、操作系统的地位和定义

为了建立操作系统的概念，首先看看操作系统在计算机系统中的地位。

（一）操作系统的地位

操作系统是紧挨着硬件的第一层软件，它是对硬件系统功能的首次扩充，也是其他系统软件和应用软件在计算机上运行的基础。操作系统的位置如图1-6所示。

从图1-6中可以看出，操作系统在计算机系统中的地位是十分重要的。操作系统虽属于系统软件，但它是最基本的、最核心的系统软件。操作系统有效地统管计算机的

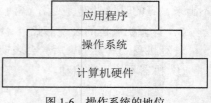

图1-6　操作系统的地位

所有资源（包括硬件资源和软件资源），合理地组织计算机的整个工作流程，以提高资源的利用率，并为用户提供强有力的使用支持和灵活方便的使用环境。

（二）操作系统的定义

操作系统是管理和控制计算机软、硬件资源，合理地组织计算机的工作流程，方便用户使用计算机系统的最底层的程序集合。

操作系统追求的主要目标有两点；一是方便用户使用计算机，一个好的操作系统应向用户提供一个清晰、简洁、易于使用的用户界面；二是提高资源的利用率，尽可能使计算机中的各种资源得到最充分的利用。

（三）操作系统的功能

操作系统具有以下几项重要的功能。

① 处理器管理。

② 存储管理。

③ 设备管理。

④ 文件管理。

⑤ 作业管理。

（四）常见的操作系统

① DOS 操作系统。

② Windows 操作系统。

③ UNIX 操作系统。该操作系统是一个通用、交互式分时操作系统。UNIX 取得成功的最重要原因是系统的开放性和公开源代码。

④ Linux 操作系统。Linux 是一个开放源代码的操作系统。它除继承了历史悠久的技术成熟的 UNIX 操作系统的特点和优点外，还做了许多改进，成为一个真正的多用户、多任务的通用操作系统。在 Linux 上可以运行大多数 UNIX 程序。

⑤ NetWare 网络操作系统。

九、Windows 7 基本操作

Windows 7 是由微软公司（Microsoft）开发的操作系统，继承部分 Vista 特性，在加强系统的安全性、稳定性的同时，重新对性能组件进行了完善和优化，部分功能、操作方式也回归质朴，在满足用户娱乐、工作、网络生活中的不同需要等方面达到了一个新的高度。

（一）Windows 7 的启动和退出

1. Windows 7 的启动

我们按下主机开关和显示器开关以后，Windows 7 自动运行启动。在 Windows 7 启动的过程中，系统会进行自检，并初始化硬件设备。在系统正常启动的情况下，会直接进入 Windows 7 的登录界面，在密码文本框中输入密码后，按 Enter 键，便会直接进入 Windows 7 系统。

2. Windows 7 的退出

在关闭或重新启动计算机之前，应先退出 Windows 7 系统，否则可能会破坏一些没有保存的文件和正在运行的程序。下面具体介绍一下退出步骤。

① 关闭所有正在运行的应用程序。

② 单击【开始】/【关机】按钮，即可关闭计算机，如图 1-7 所示。

③ 单击【关机】右侧的 ▷ 按钮，可以对计算机进行其他操作，如图 1-8 所示。

（二）Windows 7 桌面组成

进入 Windows 7 操作系统后，用户首先看到的是桌面。桌面的组成元素主要包括桌面背景、图标、【开始】按钮、快速启动工具栏和任务栏，如图 1-9 所示。

1. 桌面背景

桌面背景可以是个人收集的数字图片、Windows 7 提供的图片、纯色或带有颜色框架的图片，也可以显示幻灯片图片。

在 Windows 7 系统桌面上单击鼠标右键，在弹出的快捷菜单中单击【个性化】菜单命令；在弹出的【个性化】设置界面中单击【桌面背景】选项；弹出【桌面背景】设置界面，其中供选择的图片有"场景""风景""建筑"等分类，任选其中一幅图片单击，可看到图片的左上方有一个对勾，表示图片已被选中；单击【保存修改】按钮，返回桌面，即可看到桌面背景已经更改。

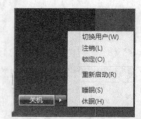

图 1-7　单击【关机】按钮　　　　　　　图 1-8　展开【关机】状态操作菜单

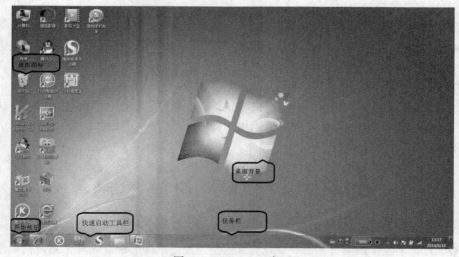

图 1-9　Windows 7 桌面

2. 桌面图标

Windows 7 操作系统中，所有的文件、文件夹和应用程序等都由相应的图标表示。桌面图标一般是由文字和图片组成的，文字说明图标的名称或功能，图片是它的标识符。桌面图标包括系统图标和快捷图标两种。快捷方式图标又包括文件或文件夹快捷方式图标，以及应用程序快捷方式图标。

3.【开始】按钮

单击桌面左下角的【开始】按钮，即可弹出【开始】菜单。它由"固定程序"列表、"常用程序"列表、"所有程序"列表、"启动"菜单、"关闭选项"按钮区和"搜索"框组成，如图 1-10 所示。

（1）常用程序列表

此列表中主要存放系统常用程序，包括"便笺""画图""截图工具"和"放大镜"等。此列表是随着时间动态分布的，如果超过 10 个，它们会按照时间的先后顺序依次替换。

（2）固定程序列表

该列表中显示开始菜单中的固定程序。默认情况下，菜单中显示的固定程序只有"入门"和"Windows Media Center"两个。通过选择不同的选项，可以快速地打开应用程序。

（3）所有程序列表

用户在所有程序列表中可以查看所有系统中安装的软件程序。单击【所有程序】按钮，即可打开所有程序列表。单击文件夹的图标，可以继续展开相应的程序，单击【返回】按钮，即可隐藏所有程序列表。

（4）启动菜单

【开始】菜单右侧是启动菜单。在启动菜单中列出了经常使用的 Windows 程序链接，常见的有"文档""图片""音乐""游戏""计算机"和"控制面板"等。单击不同的程序按钮，即可快速打开相应的程序。

（5）搜索框

搜索框主要用来搜索计算机上的项目资源，是快速查找资源的有力工具。在搜索框中直接输入需要查询的文件名，按"Enter"键即可进行搜索操作。

（6）关闭选项按钮区

关闭选项按钮区主要用来对操作系统进行关闭操作。其中包括"关机""切换用户""注销""锁定""重新启动""睡眠"以及"休眠"等选项。

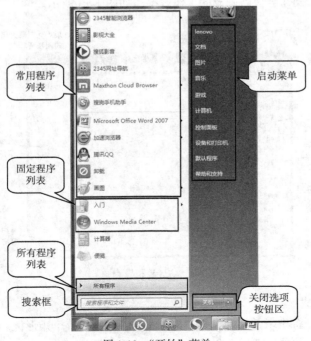

图 1-10 "开始"菜单

4. 快速启动栏

在 Windows7 操作系统中取消了快速启动栏。若想
快速打开程序，可将程序锁定到任务栏，如图 1-11 所示。

图 1-11 "锁定到任务栏"

如果程序已经打开，在任务栏上选择程序并单击鼠
标右键，从弹出的快捷菜单中选择【将此程序锁定到任务栏】命令；任务栏上将会一直存在添加
的应用程序，用户可以随时打开程序；如果程序没有打开，选择【开始】/【所有程序】命令，在
弹出的下拉列表中选择需要添加到任务栏中的应用程序，右键单击该程序，在弹出的快捷菜单中
选择"锁定到任务栏"命令。

5. 任务栏

任务栏是位于桌面最底部的长条。和以前的操作系统相比，Windows 7 中的任务栏设计更加
人性化，使用更加方便，功能更强大，灵活性更高。用户按"Alt+Tab"组合键可以在不同的窗口
之间进行切换操作，如图 1-12 所示。

图 1-12 任务栏

任务栏可分为 3 个主要部分：

① 【开始】按钮：用于弹出【开始】菜单；
② 快捷启动栏：显示已打开的程序和文件并可以在它们之间进行快速切换；
③ 通知区域：包括时钟及一些告知特定程序和计算机设置状态的图标。

（三）窗口的基本操作

当用户打开一个文件或者应用程序时会出现一个窗口，窗口是用户进行操作时的重要操作区
域，熟练地对窗口进行操作会提高用户的工作效率，如图 1-13 所示。

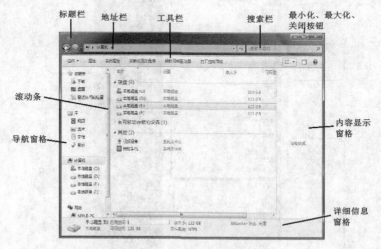

图 1-13 "计算机"窗口

1. 窗口类型及组成

窗口是 Windows 系统中最常见的操作对象，它是屏幕上的一个矩形框。运行一个程序或打开
一个文档，系统都会在桌面上打开一个相应的窗口，这也是"Windows"这个名称的由来。窗口

按用途可分为应用程序窗口、文件夹窗口和对话框窗口 3 种类型。

（1）窗口的基本组成

Windows 环境下的应用程序窗口结构大同小异，界面风格也基本相同，一般含有以下元素：标题栏、菜单栏、工具栏、地址栏、搜索栏、导航窗格、内容显示窗格、详细信息窗格、滚动条、最小化按钮 ▬、最大化按钮 ▢/还原按钮 ▣、关闭按钮 ✕、◀按钮、▶按钮、↻按钮。

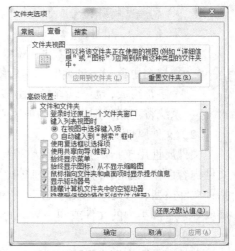

图 1-14　"文件夹选项"对话框

（2）对话框窗口

当完成一个操作，需要向 Windows 进一步提供信息时，就会出现一个对话框，如图 1-14 所示。对话框是系统和用户之间的通信窗口，供用户从中阅读提示、选择选项、输入信息等。对话框的顶部也有对话框标题（标题栏）和关闭按钮，但一般没有最大化及最小化按钮，所以对话框的大小通常不能改变。但对话框可以移动（利用左键拖动标题栏即可），也可以关闭。

2. 窗口的基本操作

应用程序窗口和文档窗口的操作主要有移动、缩放、切换、排列、最小化、最大化、关闭等。

（四）帮助功能

1. 窗口组成

在【开始】菜单中选择【帮助和支持】命令后，即可打开【Windows 帮助和支持】窗口。在这个窗口中为用户提供了帮助主题、指南、疑难解答和其他支持服务。

2. 联机帮助

要随时保证 Windows 7 的帮助内容是最新的，需要用到 Windows 7 的联机帮助。默认情况下，如果在打开帮助和支持中心的时候，系统已经连接到了 Internet，那么 Windows 7 会自动使用联机帮助。

（五）文件和文件夹管理

在 Windows 7 操作系统中，文件是最小的数据组织单位。文件中可以存放文本、图像和数值数据等信息。而硬盘则是存储文件的大容量存储设备，其中可以存储很多的文件。同时为了便于管理文件，还可以把文件组织到文件夹中。

1. 文件管理中的几个概念

文件是计算机中的一个很重要的概念，是操作系统用来存储和管理信息的基本单位，文件可以用来保存各种信息。

（1）文件系统

文件是存储在一定介质上的、具有某种逻辑结构的、完整的、有以文件名为标识的信息集合。它可以是程序、程序所使用的一组数据，或用户创建的文档、图形、图像、动画、声音、视频等。

文件名：每个文件必须有且仅有一个文件名。文件名包括服务器名称、驱动器号、文件夹路径、文件名和扩展名，最多可包含 255 个字符。其格式如下：

[服务器名][驱动器号:][文件夹路径]<文件名>[.扩展名]

➢ 文件名格式中的中括号"[]"中的内容表示可选项，可以省略。如驱动器号、文件夹路径等可以省略；尖方括号"<>"中的内容表示必选项，不能省略。

> <文件名>也称主文件名，组成文件名的字符包括：26个英文字母（大小写同义），数字（0~9）和一些特殊符号，但不能包含以下字符：正斜杠（/）、反斜杠（\）、大于号（>）、小于号（<）、星号（*）、问号（?）、引号（"）、竖线（|）、冒号（:）或分号（;）。汉字可以用作文件名，但不鼓励这样做。文件名一般由用户指定，原则是"见名知义"。

> 扩展名也称"类型名"或"后缀"，一般由系统自动给定，原则是"见名知类"，它由3个字符组成，也可以省略或由多个字符组成。对于系统给定的扩展名不能随意改动，否则，系统将不能识别。扩展名前边必须用点"."与文件名隔开。

（2）文件属性

文件属性用于指出文件是否为只读、隐藏、准备存档（备份）、压缩或加密，以及是否应索引文件内容以便加速文件搜索的信息等。文件和文件夹都有属性页，文件属性页显示的主要内容包括：文件类型、与文件关联的程序、它的位置、大小、创建日期、最后修改日期、最后打开日期、摘要等，不同类型的文件或同一类型的不同文件其属性可能不同，有些属性可由用户自己定义。

（3）文件夹

文件夹是图形用户界面中程序和文件的容器，用于存放程序、文档、快捷方式和子文件夹。文件夹是在磁盘上组织程序和文档的一种手段，在屏幕上由一个文件夹的图标和文件夹名来表示。只存放子文件夹和文件的文件夹称为标准文件夹，一个标准文件夹对应一块磁盘空间。

（4）文件名通配符

当查找文件、文件夹、打印机、计算机或用户时，可以使用通配符来代替一个或多个字符。当不知道真正的字符或者不想键入完整的名称时，常常使用通配符代替一个或多个字符。通配符有两个：星号"*"和问号"?"，"*"星号代表零个或多个字符，"?"问号代表零个或一个字符。

2. 文件及文件夹操作

通过【计算机】窗口和资源管理器窗口可以实现对计算机资源的绝大多数操作和管理，两者是统一的。

（1）【计算机】窗口

【计算机】窗口用于管理计算机上的所有资源。双击桌面上的【计算机】图标，即可打开【计算机】窗口，如图1-15所示，方便用户访问计算机上的各种资源。

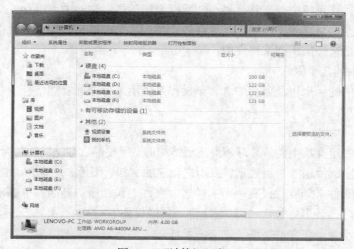

图1-15 "计算机"窗口

（2）资源管理器窗口

可以通过资源管理器查看计算机上的所有资源，能够清晰、直观地对计算机上形形色色的文件和文件夹进行管理，如图 1-16 所示。

打开资源管理并显示菜单栏：

➢ 在任务栏中，单击【Windows 资源管理器】按钮 。

➢ 按 Alt 键，菜单栏将显示在工具栏上方。若要隐藏菜单栏，请单击任何菜单项或者再次按 Alt。若要永久显示菜单栏，在工具栏中，单击【组织】/【布局】/【菜单栏】命令，选中【菜单栏】即可，如图 1-17 所示。

图 1-16 资源管理器窗口

图 1-17 菜单栏

在 Windows 7 资源管理器左边列表区，整个计算机的资源被划分为四大类：收藏夹、库、计算机和网络。

（3）资源管理器新功能介绍

Windows 7 资源管理器的地址栏采用了一种新的导航功能，直接单击地址栏中的标题就可以进入相应的界面，单击 ▶ 按钮，可以弹出快捷菜单。另外，如果要复制当前的地址，只要在地址栏空白处单击鼠标左键，即可让地址栏以传统的方式显示。在菜单栏方面，Windows 7 的组织方式发生了很大的变化或者说是简化，一些功能被直接作为顶级菜单而置于菜单栏上，如刻录、新建文件夹功能。此外，Windows 7 不再显示工具栏，一些有必要保留的按钮则与菜单栏放在同一行中。

（4）文件及文件夹管理

➢ 使用文件预览功能快速预览子文件夹

虽然 Windows XP 系统早已实现对图片文件的预览（显示缩略图），不过 Windows 7 的预览功能更为强大，可以支持图片、文本、网页、Office 文件等。单击选中需要预览的文件，如图片文件或 Word 文档等。单击 按钮，在窗口右侧的窗格中就会显示出该文件的内容，如图 1-18 所示。

➢ 选择多个连续文件或文件夹

需要对多个连续文件或文件夹进行相同操作时，同时将这些文件选中再进行操作要比一个一个地操作方便很多，方法如下。单击要选择的第一个文件或文件夹后按住 Shift 键。再单击要选择的最后一个文件或文件夹，则将以所选第一个文件和最后一个文件为对角线的矩形区域内的文件或文件夹全部选定。

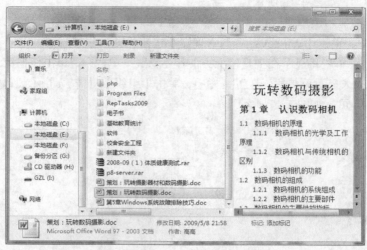

图 1-18 【窗口】窗格

➤ 一次性选择不连接文件或文件夹

需要对多个不连续文件或文件夹进行相同操作时，可以使用如下方法将这些文件同时选中。首先单击要选择的第一个文件或文件夹，然后按住 Ctrl 键。再依次单击其他要选定的文件或文件夹，即可将这些不连续的文件选中。

➤ 快速复制文件或文件夹

这里介绍两种复制文件的方法。

第一种方法如下。

选定要复制的文件或文件夹。单击【组织】按钮下拉菜单中的【复制】命令，或右键单击需要复制的文件或文件夹，在弹出的快捷菜单中选择【复制】命令，也可以按下"Ctrl+C"组合键。打开目标文件夹（复制后文件所在的文件夹），单击【组织】按钮下拉菜单中的【粘贴】命令，或者右键单击需要复制的文件或文件夹，在弹出的快捷菜单中选择【粘贴】命令，也可以按下"Ctrl+V"组合键。

第二种方法如下。

选定要复制的文件或文件夹，然后打开目标文件夹。按住 Ctrl 键的同时，把所选内容使用鼠标左键（按住鼠标左键不放）拖动到目标文件夹（即复制后文件所在的文件夹）即可。

➤ 快速移动文件或文件夹

需要移动文件位置时，可以使用以下两种方法。

第一种方法如下。

选定要移动的文件或文件夹。单击【组织】按钮下拉菜单中的【剪切】命令或者右键单击需要复制的文件或文件夹，在弹出的快捷菜单中选择【剪切】命令，也可以按"Ctrl+X"组合键。打开目标文件夹（即移动后文件所在的文件夹），单击【组织】按钮下拉菜单中的【粘贴】命令或者右键单击需要复制的文件或文件夹，在弹出的快捷菜单中选择【粘贴】命令，也可以按"Ctrl+V"组合键。

第二种方法如下。

选定要移动的文件或文件夹。按住 Shift 键的同时，把所选内容使用鼠标左键（按住鼠标左键不放）拖动到目标文件夹（即移动后文件所在的文件夹）即可。

> 彻底删除不需要的文件或文件夹

顾名思义，彻底删除就是将文件或文件夹彻底从电脑中删除，删除后文件或文件夹不被移动到回收站，所以也不能还原。确认文件彻底不需要了，可以将其彻底删除。选定要删除的文件或文件夹，按 Shift 键的同时，单击【组织】按钮下拉菜单中的【删除】命令或右键单击需要删除的文件或文件夹，在弹出的快捷菜单中选择【删除】命令，也可以按下 Shift+Delete 组合键。在弹出的对话框中单击【是】按钮即可。

（六）程序管理

1. 程序文件

程序是为完成某项活动所规定的方法；描述程序的文件称为程序文件；程序文件存储的是程序，包括源程序和可执行程序。

2. 程序的运行

启动应用程序有多种方法，可以用以下任意一种方法。

① 单击【开始】菜单或其级联菜单中列出的程序。

② 单击桌面或快速启动工具栏应用程序图标，在图标上右击，弹出快捷菜单，单击【打开】命令。

③ 单击文件夹中应用程序或快捷方式的图标，在图标上右击，弹出快捷菜单，单击【打开】命令。

④ 单击【开始】，在【搜索程序和文件】的文本框中输入应用程序名，按回车键即可。

3. 程序的退出

退出程序或关闭运行的程序或窗口，可以用以下任意一种方法。

① 按"Alt+F4"组合键。

② 单击应用程序窗口右上角的【关闭】按钮。

③ 打开窗口【系统】菜单，执行【关闭】命令。

④ 打开应用程序【文件】菜单，执行【关闭】命令。

⑤ 打开应用程序【文件】菜单，执行【退出】命令。

⑥ 右击任务栏上对应窗口图标，在弹出的【系统】菜单中执行【关闭】命令。

⑦ 打开【任务管理器】，执行【结束任务】命令。右击任务栏上空白处，在弹出的快捷菜单中，单击【任务管理器】菜单项。

（七）任务管理器的使用

任务管理器提供有关计算机上运行的程序和进程信息的 Windows 实用程序。一般用户主要用"任务管理器"快速查看正在运行的程序状态、终止已经停止响应的程序、结束程序、结束进程、运行新的程序、显示计算机性能动态概述。

右击任务栏空白处，在弹出的快捷菜单中，选择【启动任务管理器】选项，单击即可打开任务管理器，如图 1-19 所示。

图 1-19 【Windows 任务管理器】对话框

1.【应用程序】选项卡

【应用程序】选项卡列出了当前正在运行中的全部应用程序的图标、名称及状态。选定其中一个应用程序，然后单击【切换至】按钮，可以使该任务对应的应用程序窗口成为活动窗口；单击【结束任务】按钮，可以结束该任务的运行，即关闭该应用程序；单击【新任务】按钮，在"打开"框中键入或选择要添加程序的名称，然后单击【确定】，【新任务】相当于【开始】菜单中的【运行】命令。

2.【进程】选项卡

在【进程】选项卡中可勾选【显示所有用户的进程】选项，也可单击【结束进程】按钮。

3.【服务】选项卡

单击【服务】按钮，此时会弹出【服务】对话框，如图1-20所示，可选项一个项目，查看它的描述。

图1-20　【服务】选项卡

4.【性能】选项卡

【性能】选项卡显示计算机性能的动态概述，如图1-21所示，主要包括下列选项。

① CPU 使用率：表明处理器工作时间百分比的图表。该计数器是处理器活动的主要指示器，查看该图表可以知道当前使用的处理时间是多少。如果计算机看起来运行较慢，该图表就会显示较高的百分比。

② CPU 使用记录：显示 CPU 的使用程度随时间的变化情况的图表。

③ 内存：分配给程序和操作系统的内存。

④ 物理内存使用记录：显示内存的使用程度随时间的变化情况的图表。

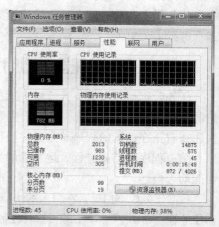

图1-21　【性能】选项卡

5.【联网】选项卡

【联网】选项卡可查看网络使用率、线路速度和连接状态，如图 1-22 所示。

6.【用户】选项卡

查看用户活动的状态，可选择断开、注销或发送信息，如图 1-23 所示。

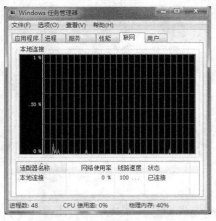

图 1-22 【联网】选项卡

图 1-23 【用户】选项卡

（八）Windows 应用程序

1. 记事本

记事本是 Windows 操作系统提供的一个简单的文本文件编辑器，用户可以利用它来对日常事务中使用到的文字和数字进行处理，如剪切、粘贴、复制、查找等。它还具有最基本的文件处理功能，但是在记事本程序中不能插入图形，也不能进行段落排版。记事本保存的文件格式只能是纯文本格式。

选择【开始】/【所有程序】/【附件】/【记事本】命令，即可打开记事本窗口，如图 1-24 所示。

图 1-24 记事本窗口

2. 画图程序

画图程序是一个简单的图形应用程序，它具有操作简单、占用内存小、易于修改、可以永久保存等特点。画图程序不仅可以绘制线条和图形，还可以在图片中加入文字，对图像进行颜色处理和局部处理以及更改图像在屏幕上的显示方式等操作。

选择【开始】/【所有程序】/【附件】/【画图】命令，打开画图程序，如图 1-25 所示。

3. 计算器

计算器是方便用户计算的工具，它操作界面简单，而且容易操作。

（1）标准型计算器

单击【开始】/【所有程序】/【附件】/【计算器】命令，即可启动"计算器"程序，如图 1-26 所示，其使用方法和日常生活中的计算器几乎一样。

（2）科学型计算器

当需要对输入的数据进行乘方运算时可切换至科学型计算器界面，在标准型计算器界面中选择【查看】/【科学型】命令，打开图 1-27 所示的界面。

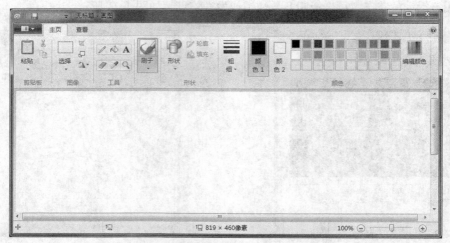

图 1-25　画图程序窗口

图 1-26　"计算器"程序

图 1-27　科学型计算器界面

（九）安装或删除应用程序

1.　安装应用程序

① 下载应用程序。

② 双击需要安装的应用程序，会弹出安装程序对话框，如图 1-28 所示，单击【下一步】按钮。

③ 按照安装程序的提示进行操作。

2.　删除应用程序

如果某款软件不再需要了，留在系统中会占用一定的系统资源，可以将其卸载，以释放被占用的系统资源。

① 单击【开始】/【控制面板】/【程序】菜单命令/【程序和功能】项。

② 单击【程序和功能】，打开【卸载或更改程序】窗口，在列表中找到需要卸载的程序，双击该程序，打开【**卸载】的对话框，如图 1-29 所示。

图 1-28　安装应用程序对话框

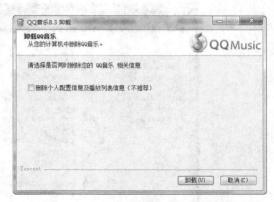

图 1-29　"QQ 音乐 8.3 卸载"的对话框

根据程序提示一步一步完成卸载即可。

（十）控制面板

1. 控制面板定义

控制面板（control panel)是 Windows 图形用户界面一部分，可通过【开始】菜单访问。它允许用户查看并操作基本的系统设置和控制，比如添加硬件、添加/删除软件、控制用户账户、更改辅助功能选项等。

单击【开始】/【控制面板】菜单命令，打开【控制面板】窗口，如图 1-30 所示。

图 1-30　【控制面板】窗口

2. 显示属性设置

在【控制面板】窗口，选择【外观和个性化】选项，可在【显示选项下】实现"显示属性"的更改，如图 1-31 所示。

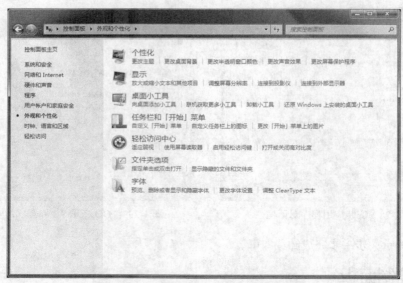

图 1-31 【外观和个性化】选项

（1）设置桌面背景

Windows 7 桌面背景（也称壁纸）可以是个人收集的数字图片、Windows 7 提供的图片、纯色或带有颜色框架的图片。可以选择一个图像作为桌面背景，也可以显示幻灯片图片。设置桌面背景的操作步骤如下。

在【个性化】窗口中单击【桌面背景】按钮，打开【桌面背景】窗口，或在【控制面板】中单击【外观和个性化】下【更改桌面背景】按钮，打开【桌面背景】窗口，如图 1-32 所示。

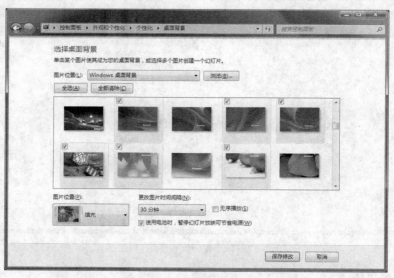

图 1-32 【桌面背景】窗口

用户可以在图 1-32 所示的窗口中选择自带的图片，单击图片后，Windows 7 桌面系统所见即所得的方式会立即把选择的图片作为背景显示，单击【保存修改】按钮，可确认桌面背景的改变，也可以单击"图片位置"下拉列表框查看其他位置的图片进行选择设置。

如果用户需要把其他位置的图片作为"桌面背景"，在图 1-32 所示的窗口中，只要单击【浏览】按钮，弹出【浏览】对话框，找到图片打开，即可把图片设为桌面背景。

在 Windows 7 中还可以使用幻灯片作为桌面背景，幻灯片的素材既可以使用自己的图片，也可以使用 Windows 7 中某个主题提供的图片。若要在桌面上创建幻灯片图片，则必须选择多张图片，如果只选择一张图片，幻灯片将会结束播放，选中的图片会成为桌面背景。

（2）设置屏幕保护

屏幕保护程序是指在一段指定的时间内没鼠标或键盘事件时，在计算机屏幕上会出现移动的图片或图案。当用户离开计算机一段时间时，屏幕显示会始终固定在同一个画面上，即电子束长时间轰击荧光层的相同区域，长此以往，会因为显示屏荧光层的疲劳效应导致屏幕老化，因此，可设置屏幕保护程序，以动态的画面显示屏幕，来保护屏幕不受损坏。

在【控制面板】中单击【外观和个性化】下的【更改屏幕保护程序】按钮，打开【屏幕保护程序设置】窗口，如图 1-33 所示。

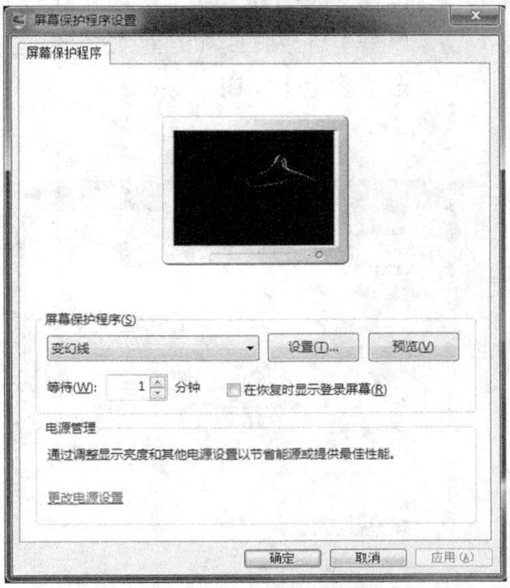

图 1-33 【屏幕保护程序设置】对话框

（3）设置分辨率、刷新频率和颜色

Windows 根据显示器选择最佳的显示设置，包括屏幕分辨率、刷新频率和颜色深度。这些设置根据所用显示器的类型、大小、性能及视频显卡的不同而有所差异。

在【控制面板】中单击【外观和个性化】下【调整屏幕分辨率】选项，打开【更改显示器外观】窗口，如图 1-34 所示。

图 1-34 【调整屏幕分辨率】对话框

单击【分辨率】后面的下拉按钮，可以更改分辨率。

单击【高级设置】按钮，在弹出的对话框中进行刷新频率和颜色设置，如图 1-35 所示。

3. 系统日期和时间设置

在【控制面板】窗口，选择【时钟、语言和区域】选项，可进行系统日期和时间设置。

（1）设置时间和日期

➢ 选择【时间和日期】选项，打开【日期和时间】对话框，如图 1-36 所示。

➢ 单击【更改日期和时间】按钮，在弹出的【日期和时间设置】窗口中进行设置，完成后单击【确定】按钮。

图 1-35　【高级设置】对话框

图 1-36　设置时间和日期

（2）更改时区

➢ 打开【日期和时间】对话框，单击【更改时区】按钮，在弹出的对话框中对时区进行更改，如图 1-37 所示。

➢ 完成后，单击【确定】按钮。

4. 设置鼠标属性

在【控制面板】窗口，打开【鼠标属性】对话框，如图 1-38 所示。

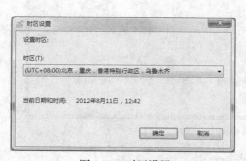

图 1-37　时区设置

图 1-38　【鼠标属性】对话框

（1）鼠标键

打开【鼠标属性】对话框，单击【鼠标键】选项卡，可对鼠标键配置、双击速度和单击锁定进行设置。

（2）指针

单击【指针】选项卡，可对鼠标指针进行各种设置。

➢ 方案：

单击方案下方的下拉按钮，在弹出的下拉菜单中选择一种方案。

➢ 自定义：

在自定义下方的鼠标选项中选择一种鼠标，单击【确定】按钮即可。

➢ 启用指针阴影：

单击【浏览】按钮，在弹出的【浏览】对话框中选择一种指针阴影，单击【确定】按钮。

➢ 允许主题更改鼠标指针：

选中【允许主题更改鼠标指针】复选框，单击【确定】按钮即可。

（3）指针选项

打开【鼠标属性】对话框，选择【指针选项】选项卡，可对鼠标的移动、对齐和可见性进行设置。

（4）滑轮

打开【鼠标属性】对话框，选择【滑轮】选项卡，可设置鼠标的垂直滚动和水平滚动。

（5）硬件

打开【鼠标属性】对话框，选择【硬件】选项卡，可查看设置鼠标的设备属性。

5．安装打印机

在【控制面板】窗口，选择【查看设备和打印机】选项，打开图 1-39 所示的对话框。

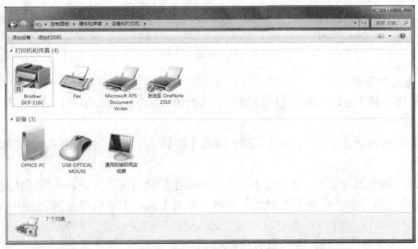

图 1-39 【查看设备和打印机】选项

单击【添加打印机】选项，在弹出的【添加打印机】对话框中查找打印机，根据操作提示进行添加，如图 1-40 所示。

在【打印机和传真】窗口的打印任务栏中，单击【设置打印机属性】按钮，打开打印机属性对话框，设置打印纸、打印端口等，如图 1-41 所示。

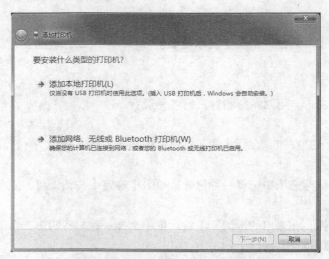

图 1-40 【添加打印机】对话框

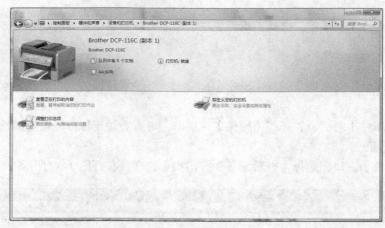

图 1-41 设置打印机

6. 中文输入法设置

① 在【控制面板】窗口，选择【更改键盘和其他输入法】选项，打开【区域和语言】对话框，如图 1-42 所示。

② 选择【键盘和语言】选项，单击【更改键盘】按钮，打开【文本服务和输入语言】对话框，如图 1-43 所示。

③ 在【已安装的服务】下，单击【添加】按钮来添加输入法。在安装的输入法列表中，选中不要的输入法后，即可激活右侧的【删除】按钮，单击【删除】按钮即可删除选中的输入法。

④ 在安装的输入法列表中，也可以对输入的位置进行调整。选中要调整的输入法，即可激活右侧的【上移】、【下移】按钮，进行对应操作即可。

（十一）桌面小工具

和 Windows XP 相比，Windows 7 又新增了桌面小图标工具。虽然 Windows Vista 中也提供了桌面小图标工具，但和 Windows 7 相比，缺少灵活性。在 Windows 7 操作系统中用户只要将小工具的图片添加到桌面上，即可快捷地使用。

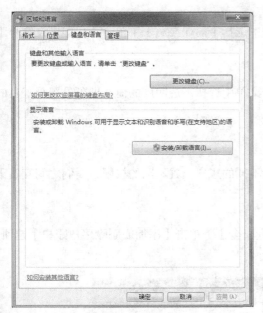

图 1-42 【区域和语言】对话框

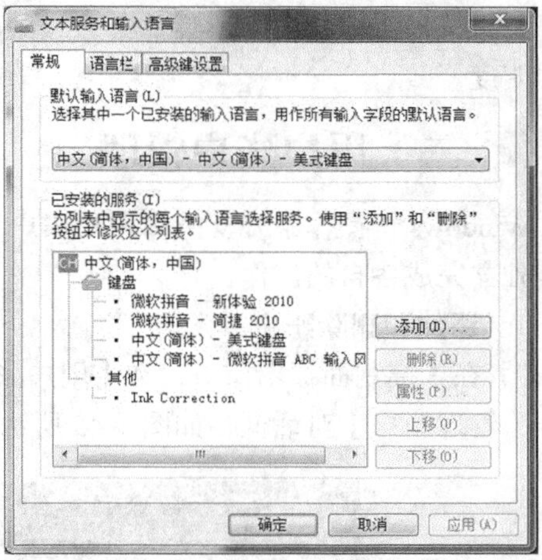

图 1-43 【文本服务和输入语言】对话框

1. 添加小工具

Windows 7 中的小工具非常漂亮实用，添加小工具的步骤如下。

在桌面的空白处单击鼠标右键，从弹出的快捷菜单中选择【小工具】菜单命令，弹出【小工具库】窗口，系统列出了多个自带的小工具。选择要添加的小工具后单击鼠标右键，在弹出的快捷菜单中选择【添加】菜单命令，如图 1-44 所示，选择的小工具被成功地添加到桌面上。

图 1-44 小工具库窗口

2. 移除小工具

小工具被添加到桌面上后，如果不再使用，可以将小工具从桌面移除，将鼠标指针放在小工具的右侧，单击【关闭】按钮即可从桌面上移除小工具。如果用户想将小工具从系统中彻底删除，则需要将其卸载，具体的操作步骤如下。

在图 1-44 所示的小工具窗口中，在要卸载的小工具上单击鼠标右键，并在弹出的快捷菜单中选择【卸载】菜单命令，弹出【桌面小工具】对话框，单击【卸载】按钮，选择的小工具即被成功卸载。

3. 设置小工具

小工具被添加到桌面上后，即可直接使用。同时，用户还可以移动、关闭小工具和设置不透明度等。

（1）移动小工具的位置

用鼠标拖动小工具到适当的位置放下，即可移动小工具的位置。

（2）展开小工具

单击小工具右侧的【较大尺寸】按钮即可展开小工具，查看详细信息。

（3）设置小工具在桌面的最前端

选择小工具单击鼠标右键，在弹出的快捷菜单中选择【前端显示】菜单命令，即可设置小工具在桌面的最前端。

（4）设置小工具的不透明度

如果选择【不透明度】菜单命令，在弹出的子菜单中选择不透明度的值，即可设置小工具的不透明度。

（十二）用户账户管理

Windows 7操作系统支持多用户账户，可以为不同的账户设置不同的权限，它们之间互不干扰，独立完成各自的工作。

1. 添加和删除账户

① 在【控制面板】窗口，在【用户账户和家庭安全】下单击【添加或删除用户账户】选项，打开【管理账户】对话框，如图1-45所示。

图1-45 【管理账户】窗口

② 在打开的【管理账户】窗口中单击【创建一个新账户】链接，打开【创建新账户】窗口，如图1-46所示。输入账户名称，选中【标准用户】单选钮，单击【创建账户】按钮。

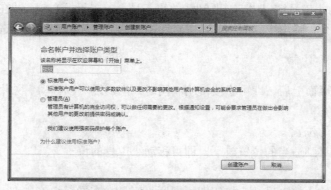

图1-46 【创建新账户】窗口

③ 返回到【管理账户】窗口中，可以看到新建的账户。如果想删除某个账户，可以单击账户名称，如在此选择【欣欣】账户，打开【更改账户】窗口，如图1-47所示，单击【删除账户】链接。

图1-47 【更改账户】窗口

④ 此时会打开【删除账户】窗口，如图1-48所示。因为系统为每个账户设置了不同的文件，包括桌面、文档、音乐、收藏夹、视频文件等，如果用户想保留账户的这些文件，则可以单击【保留文件】按钮，否则单击【删除文件】按钮。

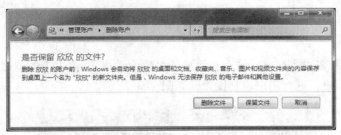

图1-48 【删除账户】窗口

⑤ 弹出【确认删除】对话框，单击【删除账户】按钮即可。返回【管理账户】窗口，可见选择的账户已被删除。

2. 设置账户属性

添加了一个账户后，用户还可以设置其名称、密码和图片等属性。操作步骤如下。

① 打开【管理账户】窗口，选择需要更改属性的账户，打开【更改账户】窗口。

② 单击【更改账户名称】链接，打开【重命名账户】窗口，输入账户的新名称，单击【更改名称】按钮。

③ 单击【创建密码】链接，打开【创建密码】窗口，在密码文本框中输入两次相同的密码，单击【创建密码】按钮。

④ 单击【更改图片】链接，打开【选择图片】窗口，系统提供了很多图片供用户选择，选择喜欢的图片，单击【更改图片】按钮即可更改图片。如果用户想将自己的图片设为账户图片，则可以单击【浏览更多图片】按钮，在弹出的对话框中选择自己保存的图片，单击【打开】按钮即可。

⑤ 单击【更改账户类型】链接，打开【更改账户】窗口，可以更改账户的类型。

3. 为账户添加家长控制

Windows 7操作系统新增了家长控制功能，通过此功能可以对儿童使用计算机的方式进行协助管理，限制儿童使用计算机的时段、可以玩的游戏类型及可以运行的程序等。

当家长控制阻止了对某个游戏或程序的访问时，将显示一个通知，声明已阻止该程序。儿童可以单击通知中的链接来请求获得该游戏或程序的访问权限，家长可以通过输入账户信息，允许其访问。为用户账户设置家长控制的具体操作步骤如下。

① 打开【控制面板】窗口，在【用户账户和家庭安全】下单击【为所有用户设置家长控制】图标，打开【家长控制】窗口，如图 1-49 所示。

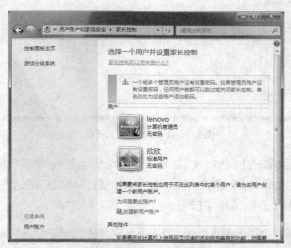

图 1-49 【家长控制】窗口

② 单击【创建新账户】窗口，输入新用户的名称【游戏】，单击【创建账户】按钮，此时会创建一个【游戏】账户，进行用户控制设置，如图 1-50 所示。

图 1-50 【用户控制】窗口

十、计算机网络技术基础

（一）计算机网络概念

计算机网络是指将在不同地理位置上分散的具有独立处理能力的多台计算机经过传输介质和通信设备相互连接起来，在网络操作系统和网络通信软件的控制下，按照统一的协议进行协同工作，达到资源共享目的。

（二）计算机网络的功能

① 资源共享。

② 数据通信。

③ 信息的集中和综合处理。

④ 负载均衡。

⑤ 提高系统可靠性和性能价格比。

（三）计算机网络的分类

计算机网络的分类方法很多，按照不同的分类标准，可以将计算机网络分为多种不同的类型。常见的分类方法有以下几种。

1. 按地理覆盖范围分类

计算机网络按照地理覆盖范围的大小，可以划分为局域网、城域网、广域网三种。

2. 按传输介质分类

根据传输介质的不同，网络可划分为有线网、无线网二种。

3. 按网络的拓扑结构分类

所谓网络拓扑结构是指将计算机网络中的主机、网络设备等当作节点，不考虑节点的功能、大小、形状，只考虑节点间的连接关系。这种节点间的连接结构称之为网络的拓扑结构。根据拓扑结构的不同，计算机网络可以分为星形结构、总线形结构、环形结构、树形结构和网状结构，随着无线网络的应用，又多了一种蜂窝形结构。

4. 按通信方式分类

按照网络的通信方式，计算机网络分为点对点传输、广播式传输两种。

5. 按服务方式分类

按照服务方式，计算机网络分为客户机/服务器网络、对等网两种。

（四）IP 地址

连入 Internet 中的每台计算机都会被分配有一个地址编号，类似于电话号码，被称为 IP 地址。这个 IP 地址在整个因特网中是唯一的。

IP 地址是一个 32 位的二进制数值（4 个字节），但为了方便理解和记忆，通常采用十进制标记法。即将 4 个字节的二进制数值转换成 4 个十进制数值来表示，数值中间用"."隔开，如 10000000 00001010 00000010 00011110 可以表示为：128.10.2.30。

一般来说，连入 Internet 中的计算机，大多隶属于某个网络，可能是一个局域网，也可能是一个企业网。所以一个 IP 地址也由两部分组成：网络号和主机号。网络号用于识别一个网络，而主机号则用于识别网络中的计算机。

为了避免自己使用的 IP 地址与其他用户的 IP 地址发生冲突，所有的网络号都必须向 Inter NIC（Internet Network Information Center）组织申请，在给网络中的每一台主机分配唯一的主机号后，所有的主机就拥有了唯一的 IP 地址。

当然，如果使用的是局域网，不需要和其他网络通信，这时就可以随便指定主机的 IP 地址了，没有任何约束，只要不和局域网中的其他主机相同就可以，当然也就不需要向 Inter NIC 申请网络号。

IP 地址可以分为 5 类，分别用 A、B、C、D、E 表示，但是主机只能使用前 3 类 IP 地址，这 5 类 IP 地址的分配方法如表 1-1 所示。

表 1-1　　　　　　　　　　　　　　　IP 地址的分配

类别	IP 地址的分配	IP 地址的范围
A	0+网络地址（7 bit）+主机地址（24 bit）	1.0.0.0～127.255.255.255
B	10+网络地址（14 bit）+主机地址（16 bit）	128.0.0.0～191.255.255.255
C	110+网络地址（21 bit）+主机地址（8 bit）	192.0.0.0～223.255.255.255
D	1110+广播地址（28 bit）	224.0.0.0～239.255.255.255
E	11110+保留地址（27 bit）	240.0.0.0～254.255.255.255

对于任意一个 IP 地址，根据最高 3 位，就可以确定 IP 地址的类型。A、B、C 三类地址是常用地址，D 类为多点广播地址，E 类保留。IP 地址的编码规定：全"0"地址表示本地网络或本地主机，全"1"地址表示广播地址。因此，一般网络中分配给主机的地址不能为全"0"地址或全"1"地址。

① A 类 IP 地址：只有大型网络才需要使用 A 类 IP 地址，也只有大型网络才被允许使用 A 类 IP 地址。对 A 类 IP 地址而言，网络号虽然占用了 8bit，但是由于第一位必须为"0"，因此只可以使用 1～126 这 126 个数值，也就是只能提供 126 个 A 类型的网络。但是它的主机号占用其余的 24bit，可以提供 $2^{24}-2$（共计 16777214）个主机号。由于 A 类型的 IP 地址支持的网络数很少，所以现在已经无法申请到这一类的网络号了。

② B 类 IP 地址：中型网络可以使用 B 类 IP 地址。B 类 IP 地址的网络号占用了两位十进制数字，但是第一位只可以使用其中的 128～191 这 64 个数值，因此它一共可以提供 16382 个 B 类型的网络，而每一个网络可以支持 $2^{16}-2$（共计 65534）个主机号。

③ C 类 IP 地址：一般的小型网络使用的是 C 类 IP 地址。C 类 IP 地址网络号的第一位为 192～223，因此可以支持 2097152 个网络号，但是每一个网络最大只能支持 2^8-2（共计 254）个主机号。一个 C 类 IP 地址如果是 202.200.84.157，则其网络号是 202.200.84，主机号是 157。

（五）域名地址

为方便记忆、维护和管理，网络上的每台计算机都有一个直观的唯一标识名称，称为域名。其基本结构为：主机名·单位名·类型名·国家代码。例如，IP 地址为 202.117.24.24 的 Internet 域名是 lib.xatu.edu.cn，其中 lib 表示图书馆服务器（主机名），xatu 表示西安工业大学（单位名），edu 表示教育机构（类型名），cn 表示中国（国家代码）。在浏览器的地址栏中，也可以直接输入 IP 地址来打开网页。

国家或地区代码又称为顶级域名，由 ISO3166 规定，常见国家或地区顶级域名如表 1-2 所示。常见的域名类型如表 1-3 所示。

表 1-2　　　　　　　　　　　　　　常见国家或地区顶级域名表

域名	国家或地区	域名	国家或地区	域名	国家或地区
cn	中国	de	德国	nz	新西兰
kr	韩国	fr	法国	sg	新加坡
us	美国	ca	加拿大	it	意大利
au	澳大利亚	in	印度	jp	日本

表 1-3 域名类型表

域名	类型	域名	类型	域名	类型
com	商业	org	非盈利组织	net	网络机构
edu	教育	info	信息服务	mil	军事机构
gov	政府	int	国际机构	fir	公司企业

人们习惯记忆域名，但机器间只识别 IP 地址，所以必须进行域名转换，域名与 IP 地址之间是一一对应的，它们之间的转换工作称为域名解析，域名解析需要由专门的域名解析服务器来完成，整个过程自动进行。

（六）Internet 服务

Internet 是一个全球性的计算机互联网络，中文名称为"国际互联网""因特网""网际网"或"信息高速公路"等，它是将不同地区规模大小不一的网络互相连接起来而组成的。对于 Internet 中各种各样的信息，所有人都可以通过网络的连接来共享和使用。Internet 实际上是一个应用平台，在它的上面可以开展很多种应用，主要服务包含获取和发布信息、电子邮件（E-mail）、网上交际、电子商务、网络电话、网上办公。

（七）WWW 服务和 IE 浏览器简介

1. WWW 服务

万维网（World Wide Web，WWW，也称 Web）是 Internet 上集文本、声音、动画、视频等多种媒体信息于一身的信息服务系统，整个系统由 Web 服务器、浏览器（Browser）及通信协议 3 部分组成。WWW 采用的通信协议是超文本传输协议（HyperText Transfer Protocol，HTTP），它可以传输任意类型的数据对象，是 Internet 发布多媒体信息的主要协议。

WWW 中的信息资源主要由一个个的网页为基本元素构成，所有网页采用超文本标记语言（HyperText Markup Language，HTML）来编写，HTML 对 Web 页的内容、格式及 Web 页中的超链接进行描述。Web 页间采用超文本的格式互相链接，单击这些链接即可从这一网页跳转到另一网页上，这也就是所谓的超链接。

Internet 中的网站成千上万。为了准确查找，人们采用了统一资源定位器（Uniform Resource Locator，URL）来在全球范围内唯一标识某个网络资源。其描述格式为：

协议：//主机名称.路径名.文件名：端口号

例如：http://www.xatu.edu.cn，客户程序首先看到 http，知道处理的是 HTML 链接，接下来的是 www.xatu.edu.cn 站点地址（对应一特定的 IP 地址），文件名使用站点默认的首页文件，端口号是 http 默认使用的 TCP 端口 80，可省略不写。

2. IE 浏览器简介

Internet Explorer（IE），是微软公司推出的一款网页浏览器。网络用户可以利用它搜索、查看和下载 Internet 上的各种信息。

用户可以用以下 3 种方法中的一种启动 IE 浏览器。

① 用鼠标双击桌面上的【Internet Explorer】图标 。

② 用鼠标单击【开始】/【程序】/【Internet Explorer】。

③ 用鼠标单击任务栏中的 IE 图标。

启动后的 IE 界面，如图 1-51 所示。

图 1-51　IE 界面

（八）信息的浏览和搜索

1. 网页浏览

在 IE 地址栏中输入网址即可浏览指定网页。如浏览网易网站，应在地址栏输入：www.163.com，回车后即可显示网易网站的主页，如图 1-52 所示，然后使用主页的超链接功能浏览网站中的其他资源。

图 1-52　网易网站的主页

如果需要将网页的内容保存下来，可以通过单击菜单【文件/另存为…】实现；如果需要打印该网页，可以单击菜单【文件/打印】实现。

2. 使用搜索引擎搜索互联网信息

搜索引擎是一种专门用来查找互联网网址和相关信息的网站，它给上网者带来了很大的方便。搜索引擎将互联网上的网页检索信息保存在专用的数据库中，并且不断更新。通过引擎提供的访问主页，输入和提交有关查找信息的关键字，在数据库中进行检索，并返回查询结果，这些网页可能包含要查找的内容。

专用搜索引擎网站较多，如百度（www.baidu.com）等，另有一些门户网站也提供了信息检索的功能，如雅虎 Yahoo、搜狐 Sohu、新浪 Sina 等。

许多网站提供简单的关键字搜索功能，如国内的专业搜索引擎网站"百度"，它功能强大，搜索速度快，特别是内容的组织形式符合中国人的习惯，深受欢迎。在此以百度为例介绍信息的检索。

在 IE 的地址栏中输入 www.baidu.com 并按 Enter 键，即可进入百度首页，如图 1-53 所示。

百度的搜索界面非常简单，第一行是搜索类别，分新闻、网页、贴吧、知道、MP3、图片等，可以根据需要选择，第二行是关键字输入框和搜索选择按钮，可输入欲搜索信息的关键字，为了缩小搜索范围，可适当增加关键字的数量，输入时关键词用空格分开，如"软件 杀毒软件"，内容描述得越准确，搜索命中率就越高。

在关键字框中输入"软件"，页面中显示的相关网页近亿篇，数量庞大。当输入"软件 杀毒软件"时，搜索结果立刻减少。因此，在可能的情况下，可以增加关键字的数量来缩小搜索范围，提高搜索的命中率，关键字之间要用空格、逗号或分号分开。

除简单的关键字搜索外，还可通过百度的"高级搜索"功能，对搜索的目标信息做条件限制，使搜索结果更准确。高级搜索功能如图 1-54 所示，大家可以参照输入框选择使用。

图 1-53　百度首页

图 1-54　百度的高级搜索网页

（九）信息的下载

在上述信息搜索的基础上在此介绍两种下载信息的方式。

1．利用 IE 提供的功能进行下载

IE 本身提供了信息下载的功能，下面以下载金山毒霸 2017 杀毒软件为例。

第 1 步：在百度搜索引擎中输入"金山毒霸 2017 下载"，回车，可得到图 1-55 所示的相关的超链接信息。

第 2 步：单击图 1-55 中椭圆形中的超链接，可以看到图 1-56 所示的金山毒霸 2017 杀毒软件的有关信息界面。

第 3 步：单击图 1-56 中椭圆形中【立即下载试用】，出现图 1-57 所示的下载地址列表。

第 4 步：任选一个地址单击右键，出现图 1-58 所示的页面，弹出菜单中为提供了对所选链接能够执行的操作，其中包括多种保存方式。

第 5 步：单击【目标另存为…】，随即会弹出"另存为"对话框，提示用户选择保存文件的路径，以及为文件重命名的操作，选择好路径，命名好后，单击【确定】即可开始文件的下载。

图 1-55　相关的超链接信息

图 1-56　搜索到的信息界面

图 1-57　下载地址列表

图 1-58　存储界面

2．利用下载工具进行下载

另外一种保存方式为在电脑上安装了下载工具的前提下使用下载工具来保存信息，常用的下载工具有超级旋风、迅雷、Flashget 等，下载工具提供了一个方便快捷而且高速的下载通道。

在此以迅雷为例（假设已经安装了迅雷 9）来介绍使用下载工具进行信息的下载，仍然是在图 1-57 所示的界面中单击右键选择使用迅雷下载，弹出图 1-59 所示的迅雷对话框。

图 1-59　迅雷对话框

在此单击浏览为文件选择保存路径，也可以在"另存名称"中为文件重命名，最后单击【确定】开始下载文件。

利用迅雷，还有一种最简单的方法进行下载。迅雷 9 安装成功后，在计算机屏幕的右上角有一个"悬浮窗"。当需要下载信息时，只要用左键按住链接地址，拖放至悬浮窗，松开鼠标就可以了，和右键单击链接"使用迅雷下载"一样，会弹出存储目录的对话框，只要选择好存放目录就可以了。

（十）电子邮件服务简介

电子邮件（Electronic Mail，E-mail）是 Internet 应用最广的服务。通过网络的电子邮件系统，网络用户可以用非常低廉的价格（无论发送到何处，只需支付网费即可），以非常快速的方式（几秒钟之内可以发送到世界上任何指定的目的地），与世界上任何一个角落的网络用户联络，这些电子邮件可以是文字、图像、声音等各种方式。正是由于电子邮件的使用简易、投递迅速、收费低廉，易于保存、全球畅通无阻，因此被广泛地应用，它使人们的交流方式得到了极大的改变。

1. 电子邮件系统中的协议

在电子邮件系统中收发邮件要涉及两种协议：SMTP 和 POP3。简单邮件传输协议（Simple Mail Transfer Protocol，SMTP），是一组用于由源地址到目的地址传送邮件的规则，由它来控制信件的中转方式。邮局协议的第 3 个版本（Post Office Protocol 3，POP3）是规定怎样将个人计算机连接到 Internet 的邮件服务器和下载电子邮件的协议，是因特网电子邮件的第一个离线协议标准。

2. 电子邮件的地址

电子邮件地址的典型格式为：用户名@计算机名.组织机构名.网络名.最高层域名。这里@表示 at（中文"在"的意思），@之前是邮箱的用户名，@后是提供电子邮件服务的服务商名称，例如：user@ sohu.com，表示用户 user 在搜狐网站的免费邮箱。

3. 申请电子邮箱

如今许多网站均提供免费的电子邮箱，如网易、新浪网、搜狐等等。用户只是需要在这些网站上注册即可获得免费的电子邮箱。下面以网易为例学习如何申请电子邮箱。

第 1 步：在 IE 浏览器地址栏中输入 mail.163.com，回车即可进入网易邮箱页面，如图 1-60 所示。

第 2 步：用鼠标单击【去注册】选项，进入图 1-61 所示的注册页面。

图 1-60　网易邮箱界面

图 1-61　注册页面

第3步：按照要求填写图1-62所示的用户信息。然后单击【立即注册】即可申请电子邮箱成功。

图1-62　用户信息对话界面

4. 电子邮箱的使用

若要登录你的邮箱时，在哪个网站申请的邮箱就登录哪个网站，如果在新浪申请的电子邮箱就登录 www.sina.com，如果申请的是 126 的信箱就登录 www.126.com 等，然后在用户名一栏中写入你申请信箱时的用户名，在密码栏中写入密码，回车就可进入邮箱收发邮件。

（1）写信

如果要写信，单击【写信】按钮，出现一个对话箱，在"收件人"中填入对方的 E-mail 地址。如果邮件的内容较简短且是纯文本，可以直接在文本框中写入要发送的内容，如图1-63所示。

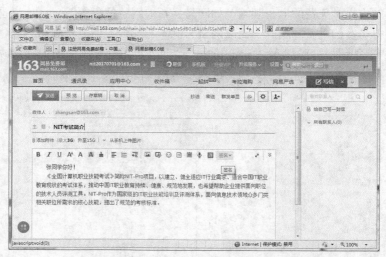

图1-63　发送简单纯文本

如果所发送的邮件内容是一个文件，则需要利用"附件"进行发送。此时在填写完收件人邮箱地址及主题等内容后，单击【添加附件】选项，出现选择文件页面，查找到需要发送的文件，并双击该文件。即可将该文件添加到附件中，如图1-64所示（注意图中椭圆形中的附件）。如果同时需要传送多个附件，可以反复单击【添加附件】选项，添加多个附件。

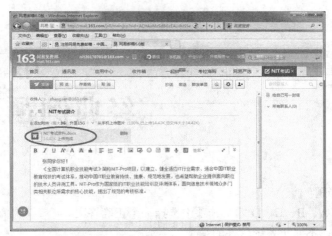

图 1-64　发送带有附件的邮件

　　邮件写好后，单击【发送】按钮，即可将邮件发送出去。如果需要对所发送的文件有特殊的要求，可以单击显示"发送选项"从而对所发邮件提出进一步要求。如果发送过程中有错，在发出邮件后，会收到一封系统的退信。

（2）收信

　　如果要阅读收到的邮件，单击【收信】，即可看到新邮件、邮件总数等。想看哪个邮件，直接选中邮件在邮件名称上单击即可。

第三部分
经典例题及详解

【例 1】单项选择题

请在下列各题的 A、B、C、D 四个选项中选择一个正确答案。

（1）下列软件中，不属于系统软件的是（　　）。

    A. 操作系统　　　　　　　　　　B. 支撑软件

    C. 语言处理程序　　　　　　　　D. 图像处理软件

（2）下列关于指令系统的描述，正确的是（　　）。

    A. 指令由操作码和控制码两部分组成

    B. 指令的地址码部分可能是操作数，也可能是操作数的内存单元地址

    C. 指令的地址码部分是不可缺少的

    D. 指令的操作码部分描述了完成指令所需要的操作数类型

（3）当计算机突然停电时，（　　）会自动消失。

    A. RAM 中的信息　　　　　　　B. ROM 中的信息

    C. 硬盘中原有的信息　　　　　　D. 软盘中原有的信息

（4）激光打印机属于（　　）。

    A. 点阵式打印机　　　　　　　　B. 击打式打印机

    C. 非击打式打印机　　　　　　　D. 热敏式打印机

（5）双击桌面上的快捷方式图标，可以（　　）。

    A. 运行应用程序　　　　　　　　B. 打开文件夹

    C. 打开文档　　　　　　　　　　D. 以上都对

（6）反映计算机存储容量的基本单位是（　　）。

    A. 二进制位　　　B. 字节　　　　C. 字　　　　D. 双字

（7）能将高级语言源程序转换成目标程序的是（　　）。

    A. 编译程序　　　B. 解释程序　　C. 调试程序　　D. 编辑程序

（8）属于键盘上功能键区快捷键的是（　　）。

    A. TAB　　　　　B. INSERT　　C. F3　　　　D. ENTER

（9）以下不属于选择文件的正确方法是（　　）。

    A. 点选　　　　　　　　　　　　B. 框选

    C. 按 Shift 键加选　　　　　　　D. 按 Delete 键选择

（10）窗口的移动可通过鼠标选取（　　　）后按住左键不放，至任意处放开来实现。

    A. 标题栏　　　　B. 工具栏　　　C. 状态栏　　　D. 菜单栏

（11）在 Windows 中，粘贴命令的组合键是（　　　）。

    A．Ctrl+C   B．Ctrl+X   C．Ctrl+A   D．Ctrl+V

（12）快捷方式是 Windows 快速执行程序、打开文件、打开文件夹、访问系统资源的特殊对象。快捷方式的扩展名为（　　　）。

    A．.COM   B．.LNK   C．.EXE   D．.DLL

（13）根据域名代码规定，表示政府部门网站的域名代码是（　　　）。

    A．.net   B．.com   C．.gov   D．.org

（14）在网址 http://www.sohu.comk ,http 表示（　　　）。

    A．域名   B．超文本

    C．超文本传输协议   D．超链接

（15）对于电子邮件，现在广泛采用的协议标准有三种，下列（　　　）不在这三种协议之列。

    A．SMTP   B．POP3   C．MIME   D．IPv6

（16）不属于防范黑客入侵手段的是（　　　）。

    A．数据加密   B．身份认证

    C．建立完善的访问控制策略   D．减少使用计算机的时间

（17）计算机病毒是指（　　　）。

    A．编制有错误的计算机程序   B．设计不完善的计算机程序

    C．已被破坏的计算机程序   D．以危害系统为目的的特殊计算机程序

（18）下列不属于系统安全技术的是（　　　）。

    A．防火墙   B．加密狗   C．认证   D．防病毒

（19）防火墙是一种（　　　）网络安全措施。

    A．被动的   B．主动的

    C．能够防止局域网内部病毒的   D．能够解决所有问题的

（20）在计算机领域中，媒体系指（　　　）。

    A．各种数据的载体   B．打印信息的载体

    C．各种信息和数据的编码   D．表示和传播信息的载体

（21）下列各项中，属于决定计算机性能的最重要部件是（　　　）。

    A．存储器   B．寄存器   C．CPU   D．编辑器

（22）内存中有一类用于永久存放特殊的专用数据，CPU 对它们只读不写，这一种存储器被称为（　　　）。

    A．RAM   B．ROM   C．DOS   D．WPSB

（23）打印速度快、质量好、噪音低的打印机类型是（　　　）。

    A．喷墨式打印机   B．激光式打印机

    C．击打式打印机   D．点阵式打印机

（24）操作系统是一种（　　　）软件。

    A．通用软件   B．系统软件   C．应用软件   D．软件包

（25）在 Windows 中下列不能用在文件名中的字符是（　　　）。

    A．,   B．^   C．?   D．+

（26）在计算机中，应用最普遍的字符编码是（　　　）。

    A．ASCII 码   B．BCD 码   C．汉字编码   D．补码

（27）Windows 中回收站实际上是（　　　）。

    A．内存中的一块区域   B．硬盘上的文件夹

    C．文档   D．文件快捷方式

（28）屏幕保护程序的作用是（　　　）。

    A．保护用户视力   B．节约电能

    C．保护系统显示器   D．保护整个计算机系统

（29）不属于计算机任务栏属性的是（　　　）。

    A．锁定任务栏   B．不能排列页面窗口

    B．自动隐藏任务栏   D．使用小图标

（30）要关闭正在运行的程序窗口，可以按（　　　）组合键。

    A．Alt+Ctrl   B．Alt+F3   C．Ctrl+F4   D．Alt+F4

（31）我们查看照片文件时最常用的视图方式有（　　　）。

    A．大图标   B．列表   C．详细信息   D．平铺

（32）选定多个不连续文件，可以按住（　　　）键逐个单击。

    A．Shift   B．空格   C．Alt   D．Ctrl

（33）将应用程序的窗口最小化后，该应用程序将（　　　）。

    A．在后台运行   B．停止运行

    C．暂时挂起来   D．出错

（34）不属于计算机网络主要功能的是（　　　）。

    A．单线程处理   B．资源共享

    C．信息传递   D．分布处理

（35）有线传输介质中传输速度最快的是（　　　）。

    A．电话线   B．网络线

    C．红外线   D．光纤

（36）根据计算机网络覆盖地理范围的大小，网络可以分为（　　　）、城域网和广域网。

    A．局域网   B．通用网

    C．互联网   D．无线网

（37）IPv4 地址是由（　　　）位二进制数组成。

    A．16   B．8   C．32   D．64

（38）计算机感染病毒后的症状不包括（　　　）。

    A．程序数据丢失   B．系统异常重新启动

    C．文件损坏   D．计算机运行自如、灵活、速度快

（39）目前使用的防火墙软件的作用是（　　　）。

    A．保证网络安全，防止黑客入侵

    B．杜绝病毒对计算机的侵害

    C．检查计算机是否感染病毒，消除部分已感染病毒

    D．查出已感染的任何病毒，消除部分已感染病毒

（40）多媒体计算机中除了基本计算机的硬件外，还必须包括（　　　）。

    A．CD-ROM、音频卡、MODEM   B．CD-ROM、音频卡、视频卡

    C．CD-ROM、MODEM、视频卡   D．MODEM、音频卡、视频卡

【答案与解析】

题号	答案	题号	答案	题号	答案	题号	答案	题号	答案
1	D	2	B	3	A	4	C	5	D
6	B	7	A	8	C	9	D	10	A
11	D	12	B	13	C	14	C	15	D
16	D	17	D	18	B	19	B	20	D
21	C	22	B	23	B	24	B	25	D
26	A	27	B	28	C	29	B	30	D
31	A	32	D	33	A	34	A	35	D
36	A	37	C	38	D	39	A	40	B

【例2】Windows 操作

（1）创建文件和文件夹。在 E 盘新建一个名为【读小说】的文件和一个名为【我的音乐】的文件夹。

（2）重命名文件和文件夹。将【读小说】文件和【我的音乐】文件夹分别改名为【网络小说】文件和【娱乐休闲】文件夹。

（3）复制文件和文件夹。将 E 盘中的【网络小说】文件复制到 D 盘下，将 E 盘中的【娱乐休闲】文件夹移动到 D 盘。

（4）删除文件和文件夹。删除 D 盘下的【网络小说】文件。

（5）隐藏文件和文件夹。隐藏 D 盘下的【娱乐休闲】文件夹，然后再重新显示出来。

（6）将删除的【网络小说】文件从回收站中还原到原来的位置。

（7）将刚刚还原到 D 盘的【网络小说】文件再次删除，然后回收站中永久删除此文件。

（8）清空回收站。

【答案与解析】

（1）双击桌面图标【计算机】，打开【计算机】窗口，双击【本地磁盘(E:)】盘符，打开 E 盘。在窗口空白处右击鼠标,在弹出的快捷菜单中选择【新建】/【文本文档】命令，如图 1-65 所示。窗口出现【新建文本文档.txt】文件，且文件名【新建文本文档】呈可编辑状态，如图 1-66 所示。用户输入"读小说"文件名，则变为"读小说.txt"文件，如图 1-67 所示。在窗口的空白处右击鼠标，在弹出的快捷菜单中选择【新建】/【文件夹】命令。出现【新建文件夹】文件夹图标，由于文件夹名是可编辑状态，直接输入【我的音乐】，则变成【我的音乐】文件夹。

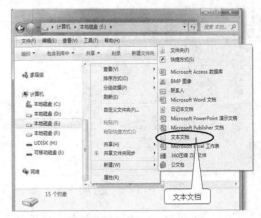

图 1-65　选择【文本文档】

（2）在【读小说】文件上右击鼠标，则在弹出快捷菜单中选择【重命名】命令，则文件名变为可编辑状态，此时输入【网络小说】即可。使用同样的方法将【我的音乐】文件夹的名称改为【娱乐休闲】。

（3）打开 E 盘窗口，在【网络小说】文件上右击鼠标，在弹出的快捷菜单中选择【复制】命令，如图 1-68 所示。打开 D 盘窗口，在窗口空白处右击鼠标，在弹出的快捷菜单中选择【粘贴】命令，即可将 E 盘中的【网络小说】文件复制到 D 盘。在 E 盘中右击【娱乐休闲】文件夹，在弹出的快捷菜单中选择【剪切】命令。打开 D 盘窗口，在窗口空白处右击鼠标，在弹出的快捷菜单中选择【粘贴】命令，即可将 E 盘中的【娱乐休闲】文件夹移动到 D 盘。

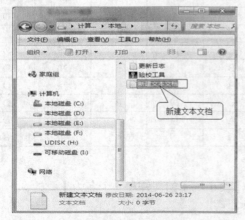

图 1-66　新建文本文档

图 1-67　输入文件名

（4）选中想要删除的文件或文件夹，然后按键盘上的 Delete 键。或者用鼠标右击要删除的文件或文件夹，然后在弹出的快捷菜单中选择【删除】命令，如图 1-69 所示。用鼠标将要删除的文件或文件夹直接拖动到桌面的【回收站】图标上。选中想要删除的文件或文件夹，单击窗口工具栏中的【组织】按钮，在弹出的下拉菜单中选择【删除】命令。使用上述任意一种方法删除 D 盘下的【网络小说】文件。

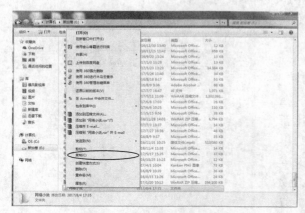

图 1-68　选择【复制】命令

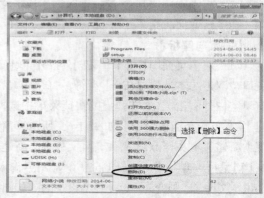

图 1-69　选择【删除】命令

（5）打开 D 盘，用鼠标右击【娱乐休闲】文件夹，以弹出的快捷菜单中选择【属性】命令。在打开的【属性】对话框的【常规】选项卡的【属性】栏里选中【隐藏】复选框，如图 1-70 所示，单击【确定】按钮，即可完成隐藏【娱乐休闲】文件夹。若想将设置成【隐藏】属性的文件或文件夹显示出来，则需要打开【资源管理器】窗口，单击工具栏上的【组织】按钮，在弹出菜单中选择【文件夹和搜索选项】命令，如图 1-71 所示。在打开的【文件夹选项】对话框中，切换至【查看】选项卡，在【高级设置】列表框中【隐藏文件和文件夹】选项组中选中【显示隐藏的文件、文件夹和驱动器】单选按钮，如图 1-72 所示，单击【确定】按钮即可显示被隐藏文件夹。

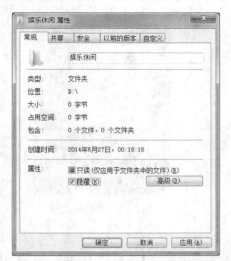

图 1-70　【娱乐休闲】文件夹属性对话框

图 1-71　选择【文件夹和搜索选项】命令

（6）双击桌面上的【回收站】图标，打开【回收站】窗口。在窗口中的【网络小说】文件图标上右击鼠标，在弹出的快捷菜单中选择【还原】命令，如图 1-72 所示，即可将【网络小说】文件还原到删除前的位置。

（7）打开【本地磁盘(D:)】窗口，将刚刚还原回去的【网络小说】文件再次删除。打开【回收站】窗口，在【网络小说】文件图标上右击鼠标，在弹出的快捷菜单中选择【删除】命令，如图 1-73 所示。此时打开【删除文件】对话框，单击【是】按钮，即可将文件永久删除，如图 1-74 所示。

图 1-72　【回收站】窗口

图 1-73　选择【删除】命令

（8）直接右击桌面上的【回收站】图标，在弹出的快捷菜单中选择【清空回收站】命令，如图 1-75 所示。此时也和删除一样会打开提示对话框，单击【是】按钮，即可清空回收站。

【例 3】Windows 设置

（1）个性化桌面背景。将桌面背景设置成图 1-76 所示的企鹅图片，图片显示方式设置成【拉伸】。

（2）个性化桌面显示属性。设置桌面主题。将桌面主题设置成【中国】风格的【Aero 主题】。设置颜色和外观。将窗口颜色设置成【黄昏】样式。

（3）设置屏幕保护程序。将屏幕保护程序设置为【彩带】，等待时间为 10 分钟，在恢复时显示登录界面。

图 1-74　【删除文件】对话框

图 1-75　清空回收站

【答案与解析】

（1）在桌面的空白区域单击鼠标右键，在弹出的快捷菜单中选择【个性化】选项。在弹出的【个性化】窗口中，单击【桌面背景】超链接，如图 1-77 所示。打开【桌面背景】窗口，在【图片位置(L):】下拉列表中选择【顶级照片】选项，打开图片库，选择图 1-78 所示的企鹅图片。单击【桌面背景】窗口的下方【图片位置(P):】下方的下拉按钮，则弹出图 1-79 所示的显示方式列表，选择【拉伸】显示方式，最后单击【保存修改】按钮，返回【个性化】窗口。关闭【个性化】窗口，完成桌面背景的设置。

图 1-76　桌面背景

图 1-77　【个性化】窗口

图 1-78　选择图片

图 1-79　图片显示方式

（2）打开【个性化】窗口，选择【Aero 主题】选项区域的【中国】选项，即可更换桌面主题，如图 1-80 所示。桌面主题设置成功之后，在桌面上单击鼠标右键，弹出快捷菜单，选择【下一个桌面背景】命令，即可更换该主题系列中的桌面背景，如图 1-81 所示。

设置颜色和外观。将窗口颜色设置成【黄昏】样式。打开【个性化】窗口，单击【窗口颜色】超链接，如图 1-82 所示。打开【窗口颜色】窗口，选择【黄昏】样式，如图 1-83 所示，单击【保存修改】，返回【个性化】窗口。关闭【个性化】窗口完成设置。

（3）设置屏幕保护程序。打开【个性化】窗口，单击【屏幕保护程序】超链接，如图 1-84 所示。弹出【屏幕保护程序设置】对话框，在【屏幕保护程序】下拉列表框中选择【彩带】选项，如图 1-85 所示。在【等待】数值框中输入 10，选中【在恢复时显示登录界面】复选框，设置完成后，依次单击【应用】和【确定】按钮。不执行任何操作，等待 10 分钟后，屏幕保护程序将自动启动。

图 1-80　选择【中国】主题

图 1-81　更换桌面背景

图 1-82　选择【窗口颜色】超链接

图 1-83　选择【黄昏】样式

图 1-84　选择【屏幕保护程序】超链接

图 1-85　【屏幕保护程序设置】对话框

模拟题一

一、单项选择题

（1）DNS 是指（　　　）。

    A. 域名系统　　　　　　　　　　　B. 接收邮件的服务器

    C. 发送邮件的服务器　　　　　　　D. 动态主机

（2）目前网络传输介质中传输速率最高的是（　　　）。

    A. 双绞线　　　　　　　　　　　　B. 同轴电缆

    C. 光缆　　　　　　　　　　　　　D. 电话线

（3）汉字系统中，拼音码、五笔字型码等统称为（　　　）。

    A. 外码（输入码）　　　　　　　　B. 内码（机内码）

    C. 交换码　　　　　　　　　　　　D. 字形码

（4）显示器显示图像的清晰程度，主要取决于显示器的（　　　）。

    A. 对比度　　　　　　　　　　　　B. 亮度

    C. 尺寸　　　　　　　　　　　　　D. 分辨率

（5）下列叙述中，正确的选项是（　　　）。

    A. CPU 可以直接处理 U 盘中的数据　B. CPU 可以直接处理光盘中的数据

    C. CPU 可以直接处理硬盘中的数据　D. CPU 可以直接处理内存中的数据

二、Windows 基本操作

（1）在"考生"文件夹下创建一个"ABC"文件夹，将考生文件夹下的子文件夹"数据"移动到"ABC"文件夹中，并将"数据"文件夹共享，共享名为"实验数据"；

（2）在桌面上添加两个小工具，一个为日历，较大尺寸显示，另一个为时钟，要求显示秒针；

（3）在 C 盘中搜索"Calc.exe"文件，并为它创建一个名为"计算器"的快捷方式，添加到"开始"菜单中；

（4）个性化桌面，将桌面主题设置为"Aero 主题"中的"自然"，且桌面背景的图片更改时间为"1 分钟"，无序播放；

（5）添加一个名为"王冰"的标准账户，为账户添加密码，密码为"123456"，且将账户图片更改为图片列表中第 4 行第 1 个图片（足球）。

三、Word 基本操作（见本书其他章节）

四、Word 表格制作（见本书其他章节）

五、Excel 基本操作（见本书其他章节）

六、PowerPoint 基本操作（见本书其他章节）

七、Internet 基本操作

利用 IE 和 Outlook Express 进行资料搜索和邮件发送。

（1）浏览网页：http://www.baidu.com/，打开"百度"网站，单击导航栏的"地图"，进入"百度地图"网页，收藏此网站。利用百度地图查看乘公交从"回龙观地铁站"到"北京动物园"的交通路线。

（2）向赵小云发送一个邮件，向她介绍百度地图，具体如下：

【收件人】zhaoxiaoyun@163.com

【附件】考生文件夹下的"去动物园的路线图.jpg"

【主题】从"回龙观地铁站"到"北京动物园"的交通路线

【正文】

小云，你好！

从你住的宾馆去北京动物园是很方便的。只要从回龙观乘坐地铁 13 号线到西直门站，再换乘 4 号线坐一站到动物园站下就可以了。当然，如果你方便走路，可以从西直门走到北京动物园，具体路线图参见附件中的图片。记得有问题随时联系我啊。

模拟题二

一、单项选择题

（1）一个 CPU 标识为"Core2 Duo CPU E7500 2.93GHz"，其中的"2.93GHz"表示（　　）。

  A．最大内存容量   B．CPU 的时钟频率

  C．最大运算精度   D．最大运算速度

（2）32 根地址总线的寻址范围可达（　　）。

  A．1GB   B．2GB

  C．4GB   D．8GB

（3）DRAM 存储器的中文含义是（　　）。

  A．静态随机存储器   B．动态只读存储器

  C．静态只读存储器   D．动态随机存储器

（4）下列关于指令、指令系统和程序的叙述中错误的是（　　）。

  A．指令是可被 CPU 直接执行的操作命令

  B．指令系统是 CPU 能直接执行的所有指令的集合

  C．可执行程序是为解决某个问题而编制的一个指令序列

  D．可执行程序与指令系统没有关系

（5）下列 ASCII 码数值从大到小排列，正确的是（　　）。

  A．A，9，a，空格   B．b，W，4，空格

  C．6，a，空格，C   D．空格，D，e，5

二、Windows 基本操作

（1）任务栏外观设置为"锁定任务栏"，将系统时间设置为 2017 年 5 月 1 日，上午 10:30:00（任务栏中显示 10:30:00）。

（2）键设置中在不同的输入语言之间切换输入语言设置为"Ctrl + Shift"要关闭 Caps Lock 键设置为"按 Shift 键"，语言栏设置为"禁止在桌面上显示语言栏"，默认输入语言设置为"中文（中国）-中文（简体）-智能 ABC"。

（3）在文件夹"bn"内新建一个名称为"xg"的文本文档。设置文本文档"xg"的属性为"隐藏"和"存档"。将文件夹"bn"复制到文件夹"mm"内。将文件夹"mm"内的文件夹"tr"删除。

（4）在个性化里更改背景设置为：Windows 桌面背景，图片选择场景的第二幅图片，图片位置：拉伸，调整屏幕分辨率为：1024×768，屏幕保护程序设置为：彩带，等待时间设置为：2 分钟。

（5）添加本地打印机，自动检测并安装打印机，使用 LPT3 端口：（打印机端口），选择厂商为"Microsoft(微软)"，型号为"XPS Document Writer"，打印机名：Microsoft，不共享这台打印机，设置为默认的打印机，打印测试页。

三、Word 基本操作（见本书其他章节）

四、Word 表格制作（见本书其他章节）

五、Excel 基本操作（见本书其他章节）

六、PowerPoint 基本操作（见本书其他章节）

七、Internet 基本操作

利用 IE 和 Outlook Express 进行资料搜索和邮件发送。

（1）浏览网页：http://www.sohu.com/，打开"搜狐"网站，单击导航栏的"邮箱"，进入"搜狐闪电邮箱"网页，收藏此网站。利用搜狐闪电信箱注册 nit20170501@sohu.com。

（2）向刘海涛发送一个邮件，向他介绍"云技术"，具体如下：

【收件人】刘海涛@163.com

【附件】考生文件夹下的"云技术.jpg"

【主题】云技术

【正文】

海涛，你好！

云技术（Cloud Technology）是基于云计算商业模式应用的网络技术、信息技术、整合技术、管理平台技术、应用技术等的总称，可以组成资源池，按需所用，灵活便利。云计算技术将变成重要支撑。技术网络系统的后台服务需要大量的计算、存储资源，如视频网站、图片类网站和更多的门户网站。伴随着物联网行业的高度发展和应用，将来每个物品都有可能存在自己的识别标志，都需要传输到后台系统进行逻辑处理，不同程度级别的数据将会分开处理，各类行业数据皆需要强大的系统后盾支撑，只能通过云计算来实现。

模拟题三

一、单项选择题

（1）能将高级语言源程序转换成目标程序的是（　　　）。

    A．编译程序　　　　B．解释程序　　　　C．调试程序　　　　D．编辑程序

（2）操作系统是（　　）的接口。

    A. 主机和外设   B. 系统软件和应用软件

    C. 用户和计算机   D. 高级语言和机器语言

（3）如果想要快速查找到所有第一个字母为 S 的 mp3 格式音乐，那么在搜索框内需要输入（　　）。

    A. *s.*mp3   B. s*.*   C. s*.mp3   D. *.mp3

（4）在 Windows 操作系统中，为了将整个桌面的内容存入剪贴板，应按（　　）键。

    A. Shift   B. PrintScreen   C. Ctrl+S   D. Alt+Enter

（5）通过（　　）程序终止无法响应的进程。

    A. 控制面板   B. 计算机管理   C. 任务管理器   D. 资源管理器

二、Windows 基本操作

（1）任务栏外观设置为"锁定任务栏""自动隐藏任务栏"，通知区域音量设置设置为"仅显示通知"。

（2）设置输入法语言栏悬浮于桌面上，并添加一种语言为日语（日本），设置切换到"微软拼音输入法"的组合键为"Ctrl+Shift+1"，默认输入语言设置为"中文（中国）-中文（简体）-智能ABC"。

（3）在"D：\"盘根目下创建一个文件夹，命名为"2016NIT"文件夹，在"2016NIT"文件夹下建立文本文件 nit.txt，把"2016NIT"文件夹下 nit.txt 文件属性设置为"隐藏"。

（4）设置桌面背景为纯色，颜色为橙色，将该对话框截图，图片命名为"设置桌面背景.jpg"，并保存在 C:\examstu\rest3 文件夹中，在桌面上添加小工具"时钟"和"CPU 仪表盘"两个小工具，设置"时钟"的样式为第三种样式，显示秒针，显示在桌面前端，透明度 60%。

（5）添加本地打印机，自动检测并安装打印机，使用 LPT1 端口：（推荐的打印机端口），选择 Panasonic kx-p1121 型号的打印机，打印机名：Panasonic，不设置为默认的打印机，共享这台打印机，共享名为：Panasonic kx -P1121，不打印测试页。

三、Word 基本操作（见本书其他章节）

四、Word 表格制作（见本书其他章节）

五、Excel 基本操作（见本书其他章节）

六、PowerPoint 基本操作（见本书其他章节）

七、Internet 基本操作

利用 IE 和 Outlook Express 进行资料搜索和邮件发送。

（1）浏览网页：http://www.baidu.com/，打开"百度"网站，单击导航栏的"文库"，进入"百度文库"网页，收藏此网站。利用百度文库搜索一篇关于物联网技术的文章。

（2）向张立发送一个邮件，向他介绍"物联网技术"，具体如下：

【收件人】张立@163.com

【附件】考生文件夹下的"物联网技术.doc"

【主题】云技术

【正文】

张立，你好！

物联网是新一代信息技术的重要组成部分，也是"信息化"时代的重要发展阶段。其英文名称是："Internet of things（IoT）"。顾名思义，物联网就是物物相连的互联网。这有两层意思：其一，物联网的核心和基础仍然是互联网，是在互联网基础上的延伸和扩展的网络；其二，其用户端延伸和扩展到了任何物品与物品之间，进行信息交换和通信，也就是物物相息。物联网通过智能感知、识别技术与普适计算等通信感知技术，广泛应用于网络的融合中，也因此被称为继计算机、互联网之后世界信息产业发展的第三次浪潮。物联网是互联网的应用拓展，与其说物联网是网络，不如说物联网是业务和应用。

模拟题四

一、单项选择题

（1）DDR3 SDRAM 存储器是（　　）。

　　A. 同步静态随机存取存储器　　　　　　B. 同步静态只读存储器

　　C. 同步动态随机存取存储器　　　　　　D. 同步动态只读存储器

（2）下面给出的四个缩写名中不属于计算机系统总线标准的是（　　）。

　　A. USB　　　　　　B. AGP　　　　　　C. VGA　　　　　　D. PCI

（3）在下列存储器中，访问速度最快的是（　　）。

　　A. 辅助存储器　　　　　　　　　　　　B. vcd 存储器

　　C. CHACE 存储器　　　　　　　　　　　D. 主存储器

（4）微型计算机主机中起到控制协调作用的是（　　）。

　　A. 控制总线　　　　B. 主板　　　　　　C. CPU　　　　　　D. 硬盘

（5）如果删除一个非零无符号二进制数尾部的 2 个 0，则此数的值为原数（　　）。

　　A. 4 倍　　　　　　B. 2 倍　　　　　　C. 1/2　　　　　　D. 1/4

二、Windows 基本操作

（1）在"开始"菜单中，设置电源按钮为"注销"，把"桌面"添加到任务栏的工具栏，通知区域设置为"显示时钟"，将任务栏设置为"自动隐藏"。

（2）默认输入语言改为"英语(美国)-美式键盘"，取消"语言栏上显示文本标签"，切换输入语言改为"左 Alt+Shift"，设置语言栏"停靠于任务栏""在非活动时，以透明状态显示语言栏"。

（3）建立文件夹 EXAM2，并将文件夹 SYS 中"YYB. docx""SJK2.accdb"和"DT2.xlsx"复制到文件夹 EXAM2 中，将文件夹 SYS 中"YYB. docx"改名为"DATE.docx"，删除"SJK2.accdb"，设置文件"EBOOK.docx"文件属性为隐藏，）在当前试题文件夹下建立文件夹 SUN，并将 GX 文件夹中以 E 和 F 开头的全部文件移动到文件夹 SUN 中，搜索 GX 文件夹下所有的"*.dat"文件，并将按名称从小到大排列在最前面的二个.dat 文件移动到文件夹 SUN 中，建立一个文本文件"FUHAO.txt"，输入内容为"记事本帮助信息"。

（4）主题设置为：基本和高对比度主题里的 Windows 经典，桌面背景设置为：图片库里的第二张图片，屏幕保护设置为：彩带，等待时间 2 分钟，分辨率设置为：1024×768，在桌面上添加小工具：日历和时钟，屏幕保护设置为：三维管道，等待 10 分钟。

（5）添加本地打印机，自动检测并安装打印机，使用 LPT3 端口：（打印机端口），选择厂商为 Canon（佳能），型号为 Canon Inkjet ip1100 series，打印机名：First）共享这台打印机，设置共享名称为"Canon office"，设置为默认的打印机，不打印测试页。

三、Word 基本操作（见本书其他章节）

四、Word 表格制作（见本书其他章节）

五、Excel 基本操作（见本书其他章节）

六、PowerPoint 基本操作（见本书其他章节）

七、Internet 基本操作

利用 IE 和 Outlook Express 进行资料搜索和邮件发送。

（1）浏览网页：http://www.sina.com/，打开"新浪"网站，单击导航栏的"财经"，进入"新浪财经"网页，收藏此网站。利用"新浪财经"中的"行情"搜索"jlad"，搜索吉林敖东的股票信息。

（2）向王芳发送一个邮件，向她介绍"吉林敖东"股票信息，具体如下：

【收件人】张立@163.com

【附件】考生文件夹下的"吉林敖东季报.doc"

【主题】吉林敖东股票信息

【正文】

王芳，你好！

今日点评：短期趋势下降↘，中期趋势上升↗；短期压力位 31.23 元，支撑位 28.56 元，量价配合度 9.50，处于价稳量缩的状态；个股综合评级★★，技术趋势较为弱势。

操作建议：可高抛低吸，摊低成本。

模拟题五

一、单项选择题

（1）在 IE 浏览器中可以通过（   ）来加快 Web 页的显示速度。

    A. 关闭多媒体元素   B. 反复刷新

    C. 关闭工具栏   D. 设置字体为最小

（2）计算机网络所使用的传输介质中，抗干扰能力最强的是（   ）。

    A. 光缆   B. 超五类双绞线

    C. 电磁波   D. 双绞线

（3）电子邮件地址 student123@zjschool.net 中的 student123 是代表（   ）。

    A. 电子邮箱账号   B. 用户名

    C. 域名   D. 邮件服务器名称

（4）下列说法中不正确的是（   ）。

    A. IP 地址用于标识连入 Internet 上的计算机

    B. 在 IPv4 协议中，一个 IP 地址由 32 位二进制数组成

    C. 在 IPv4 协议中，IP 地址常用带点的十进制标记法书写

    D. 202.280.130.45 是有效的 IP 地址

（5）下列关于计算机病毒的叙述中，正确的选项是（   ）。

    A. 计算机病毒只感染.exe 或.com 文件

    B. 计算机病毒可以通过读写软件、光盘或 Internet 网络进行传播

    C. 计算机病毒是通过电力网进行传播的

    D. 计算机病毒是由于软件片表面不清洁而造成的

二、Windows 基本操作

（1）在【开始】菜单中，设置电源按钮为"切换用户"，将任务栏设置为自动隐藏，在任务栏上添加 E 盘新工具栏，通知区域设置为"显示时钟"。

（2）默认输入语言改为"英语(美国)-美式键盘"，取消"语言栏上显示文本标签"，切换输入语言改为"左 Alt+Shift"，设置语言栏"停靠于任务栏""在非活动时，以透明状态显示语言栏"。

（3）在 D 盘下 BIAO 文件夹中新建名为 BEI.TXT 的文件，将 D 盘下 XYZ 文件夹中的文件 SHU.EXE 设置成只读属性，删除 D 盘下 BCD 文件夹，为 D 盘下的 TEX 文件夹建立名为 TEXB 的快捷方式，存放在考生文件夹下的 MY 文件夹中搜索考生文件夹下的 HONG.TXT 文件，然后将其复制到考生文件夹下的 BAG 文件夹中。

（4）设置桌面背景为纯色，颜色为橙色，将该对话框截图，图片命名为"设置桌面背景.jpg"，并保存在 C:\examstu\rest3 文件夹中，在桌面上添加小工具"时钟"和"CPU 仪表盘"两个小工具，设置"时钟"的样式为第三种样式，显示秒针，显示在桌面前端，透明度 60%。

（5）添加本地打印机，自动检测并安装打印机，使用 LPT3 端口：（打印机端口），选择厂商为 Canon（佳能），型号为 Canon Inkjet ip1100 series，打印机名：Second）共享这台打印机,设置共享名称为"Canon"，设置为默认的打印机，打印测试页。

三、Word 基本操作（见本书其他章节）

四、Word 表格制作（见本书其他章节）

五、Excel 基本操作（见本书其他章节）

六、PowerPoint 基本操作（见本书其他章节）

七、Internet 基本操作

利用 IE 和 Outlook Express 进行资料搜索和邮件发送。

（1）浏览网页：http://www.taobao.com/，打开"淘宝"网站，单击导航栏的"运动"下的"山地车"，进入"山地车—淘宝搜索"网页，收藏此网站。搜索"美利达挑战者 900"的商品信息。

（2）向马腾发送一个邮件，向他介绍"美利达挑战者 900"山地车信息，具体如下：

【收件人】马腾@sohu.com

【附件】考生文件夹下的"美利达挑战者 900.jpg"

【主题】越野山地自行车

【正文】

马腾，你好！

现将美利达挑战者 900 山地车的信息发送给你。

车种名：挑战者 900

    年代：2017

    颜色：丽黑/美利达绿

    速别：22S

    车架：铝合金 HFS

    尺寸：27.5*15"/17"/19"

    前叉：MANITOU 27.5 锥管，线控锁定气压避震前叉

    夹器：(前/后)MAGURA MT4 油压碟刹

齿盘曲柄：SRAM GX

变速控制杆：SRAM GX 2*11

变速器（前/后）：SRAM GX/GX

套装飞轮：SRAM GX 11S

花鼓（前/后）：诺飞客培林花鼓

车圈：MAVIC 319 铝合金双层

外胎：MAXXIS　27.5*1.95"

第二篇 文字处理篇

第一部分

文字处理考试大纲（2015 年版）

一、考试对象

本考试针对已完成 NIT 课程"文字处理"（Office 2010 版）学习的所有学员，以及已熟练掌握 Microsoft Office Word 2010 相关知识和技术的学习者。

二、考试介绍

1. 考试形式：无纸化考试，上机操作。
2. 考试时间：120 分钟。
3. 考试内容：文字处理模块的考试内容涉及文本编辑、文档排版、图文混排、表格操作、对象应用能力等，使学员能够满足用人单位对 Microsoft Office Word 2010 应用人才的需求。
4. 考核重点：通过实践操作案例考核学员的 Microsoft Office Word 2010 应用能力。
5. 软件要求：
操作系统：Windows 7
应用软件：Microsoft Office Word 2010 办公软件
输入法：拼音、五笔输入法

三、考试要求及内容

序号	能力目标	具体要求	考试内容
一	文本编辑能力	掌握创建、打开、保存文档，了解各种常用文档格式	1. 新建空白文档
			2. 利用模板新建文档；根据现有内容新建文档
		掌握各种文档窗口、视图、窗格的操作	3. 打开现存文档
			4. 打开最近使用文档、设置显示最近使用文档；多文档操作
			5. 文档视图；文档窗口；显示比例
			6. 标尺、网格线、导航窗格
		掌握文本、段落的编辑与排版	7. 文本复制、移动、删除

序号	能力目标	具体要求	考试内容
			8. 文本查找、替换、定位
			9. 文本字体设置；段落设置
二	文档排版能力	掌握项目符号和编号操作	10. 项目符号
			11. 项目编号
		了解特殊文本格式	12. 首字下沉、分栏
			13. 制表位、前导符
			14. 文字方向
		掌握样式的应用	15. 样式的应用，自定义样式
		掌握页面的操作	16. 页眉页脚
			17. 页面设置；页面背景；主题；封面、空白页、分隔符、行号
		掌握审阅、注释及引用的操作	18. 脚注、尾注、题注、引文
			19. 索引、目录、交叉引用
			20. 启停修订功能，文本修订，比较合并文档
		掌握格式标记、自动更正的操作	21. 显示/隐藏格式标记
			22. 更改大小写
		掌握边框和底纹的设置	23. 文字、段落和页面的边框和底纹设置
		掌握特殊符号操作	24. 插入特殊符号、日期和时间、自动图文集、书签、超链接
三	图文混排	掌握图片、剪贴画的基本操作	25. 剪贴画的搜索
			26. 剪贴画插入、删除、裁剪、压缩
		掌握图片样式的应用及设置	27. 图片样式
			28. 图片边框、效果和版式的设置
		掌握图片艺术效果的应用及设置	29. 艺术效果、颜色、亮度和对比度、柔化和锐化
		掌握艺术字、形状和文本框的基本操作	30. 艺术字、形状和文本框的插入、编辑
		掌握形状样式、艺术字样式的应用及设置	31. 形状样式
			32. 形状填充、轮廓和效果的设置
			33. 艺术字样式、文本填充、轮廓和效果的设置
		掌握图片、剪贴画、形状、文本框、艺术字的排列	34. 大小、位置、自动换行
			35. 对齐、旋转、组合、层次移动
四	表格操作能力	掌握表格的创建	36. 插入表格、绘制表格、快速表格
			37. 表格与文本转换
		掌握表格结构调整	38. 拆分表格，行、列的插入和删除，单元格合并、拆分

序号	能力目标	具体要求	考试内容
		掌握表格内容格式的设置	39. 表格大小，行高，列宽，单元格大小
			40. 对齐方式、文字方向、单元格边距
			41. 自动换行、适应文字
		掌握表格的修饰	42. 表格样式
			43. 表格边框、底纹设置
		掌握表格的数据处理	44. 表格数据排序
			45. 表格数据函数、公式
五	对象应用能力	掌握 SmartArt 图形的应用	46. SmartArt 图形插入、编辑
			47. SmartArt 图形布局、样式、颜色
		掌握公式的编辑	48. 公式插入与编辑
		掌握邮件合并操作	49. 信函文档、收件人、插入邮件合并域
		了解图表的应用	50. 插入、编辑、图表类型、图表形状样式、图表艺术字样式、图表排列

第二部分
知识点介绍

Word 2010 是美国 Microsoft 公司开发的 Office 2010 办公组件中的文字处理软件，是当前使用最为广泛的文字处理软件之一。它可以创建专业水准的文档，提供上乘的文档格式设置工具，帮助用户轻松高效的完成文字处理工作。

一、Word 2010 的启动和退出

（一）启动 Word 2010

① 用"开始"菜单启动。
② 用桌面快捷图标启动。
③ 用已有 Word 文档启动。

（二）退出 Word 2010

① 单击 Word 窗口标题栏最右角的【关闭】按钮。
② 单击窗口快速访问工具栏左端的控制菜单图标，选择【关闭】选项。
③ 单击菜单栏【文件】/【退出】命令。
④ 按组合键"Alt+F4"。

二、Word 2010 工作界面

启动 Word 2010 后，如图 2-1 所示，Word 2010 工作界面是由标题栏、文件选项卡、功能区、快速访问工具栏、文档编辑区和状态栏等部分组成的。

三、Word 2010 视图

Word 2010 提供了五种视图供用户使用，包括页面视图、阅读版式视图、Web 版式视图、大纲视图和草稿视图。可以在视图选项标签下的"文档视图"选项组中选择五种视图，如图 2-2 所

示，也可以在 Word 2010 文档窗口的下方状态栏单击视图按钮切换到相应的视图方式。

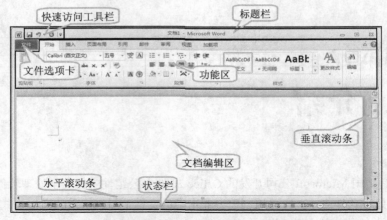

图 2-1　Word 2010 工作界面

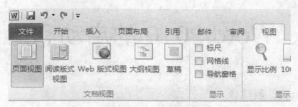

图 2-2　Word 视图

四、新建、打开与保存文本

（一）创建新文档

启动 Word 2010，会自动建立文件名为"文档 1"的空白文档，用户可以直接在文档中进行操作。除此之外，还有以下创建文档的方法。

① 桌面空白处单击鼠标右键，在弹出的快捷菜单中选择【新建】/【Microsoft Word 文档】命令，在桌面上将新建一个空白文档。

② 启动 Word 2010，单击【文件】/【新建】命令，打开新建文档面板，选择【空白文档】，单击窗口右侧的【创建】按钮，即可创建一个新的空白文档。

③ 启动 Word 2010，按下"Ctrl+N"组合键，可快速新建一个空白文档。

（二）打开文档

除了直接双击文件夹中 Word 2010 文档，在启动 Word 2010 的同时打开该文档外，还有以下方法可以打开文档。

① 启动 Word 2010，选择【文件】/【打开】命令，弹出【打开】对话框，选择指定的文件打开。

② 启动 Word 2010，按下"Ctrl+O"组合键，可弹出【打开】对话框。

（三）保存文档

对文档编辑操作后，要将其存储到计算机中，长期保存，步骤如下。

① 选择【文件】/【保存】命令，弹出【另存为】对话框。

② 设置保存的路径和文件名，保存类型可以在下拉菜单中选择，系统默认的文件名为"doc1"，文档类型为"Word 文档"，扩展名为".docx"。

③ 以后再进行保存操作时，可直接单击【快速访问工具栏】/【保存】按钮，或者使用"Ctrl+S"组合键快速完成。

如需要将已保存过的文档保存为另一个文档，可使用【文件】/【另存为】命令，打开【另存为】对话框，设置同上。

五、文本的输入与选取

（一）输入文本

在 Word 2010 中输入文本前，首先要确认输入位置。文档编辑区的开始位置有一个闪动的粗竖线，即为插入点。若文档中已有部分文本，可以利用鼠标和键盘上的方向键移动插入点至需要位置。

1. 输入文字

在英文状态下，可直接通过键盘实现英文字母的输入。输入中文，要先选择汉字的输入法。文本输入分为插入和改写两种模式。键盘上的 Insert 键是插入和改写模式切换按键，单击 Word 2010 窗口下方状态栏【插入/改写】按钮也可以实现两种模式切换。

2. 输入符号

在输入文档时，有时需要输入一些符号。除了键盘上的符号可以直接输入外，其他符号需要利用 Word 2010 的插入符号功能。

具体操作是：首先将光标定位到需要的位置，选择【插入】/【符号】，可以看到常见符号，再选择【其他符号】，打开【符号】对话框（见图 2-3）。单击【子集】下拉菜单选择合适的子集，在表格中找到需要插入的符号，单击【插入】按钮，完成符号的输入。单击【取消】可关闭【符号】对话框。

在【符号】对话框中打开【特殊字符】选项卡（见图 2-4），可以找到一些特殊字符和对应的快捷键，完成快速输入。

图 2-3 【符号】对话框

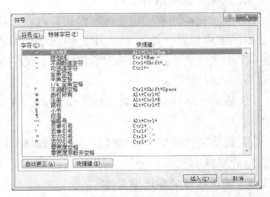
图 2-4 【特殊字符】选项卡

（二）选取文本

选取文本

在 Word 2010 中，需要先选定文本内容，才能进行编辑和各种操作。选取文本可以用鼠标、键盘或两者结合，被选中的文本会反白突出显示。

1. 鼠标选取

① 任意文本选取：打开 Word 2010 文档，将光标移动至要选择文本内容的开头位置，按住鼠标左键不放并同时拖动，拖动至选取文本的最后。

② 词语选取：某个词语处双击鼠标左键，即选取该词语。

③ 行选取：将鼠标放置段落左边，光标变为指向右的箭头时，单击左键，即选取该行。

④ 段落选取：将鼠标移动到要选择段落中的任意位置，三击鼠标左键即可选取该文本段落。

⑤ 文档选取：将鼠标移动到 Word 2010 文档左端，当鼠标变为箭头时，三击鼠标左键就可以整篇文档选取。

2. 键盘选取

通过键盘上的组合快捷键也可以快速实现对字符、词组、行、段落和文档的选取，如表 2-1 所示。

表 2-1　　　　　　　　　　　　　　文本选取快捷键及功能

快捷键	功能
Shift+向右方向键	选取插入点右边一个字符
Shift+向左方向键	选取插入点左边一个字符
Shift+向上方向键	选取插入点至上一行相同位置之间文本
Shift+向下方向键	选取插入点至下一行相同位置之间文本
Ctrl+Shift+向左方向键	选取插入点之前的一个单词
Ctrl+Shift+向右方向键	选取插入点之后的一个单词
Shift+Home	选取插入点位置至行首
Shift+End	选取插入点位置至行尾
Ctrl+Shift+向上方向键	选取插入点位置至段首
Ctrl+Shift+向下方向键	选取插入点位置至段尾
Ctrl+Shift+Home	选取插入点位置至文档开始
Ctrl+Shift+End	选取插入点位置至文档结束
Ctrl+A	选取整篇文档

3. 鼠标与键盘结合选取

① 连续文本选取：将光标定位到需选取文本的开始位置，按住 Shift 键，移动鼠标单击需选取文本的结束位置，松开 Shift 键，即选取该区域所有文本。

② 不连续文本选取：选取所需文本，按住 Ctrl 键，移动鼠标选取其他文本，反复操作，即选取多段不连续文本。

③ 矩形文本块选取：将光标定位到需选取文本的开始位置，按住 Alt 键，拖动鼠标选取矩形文本。

④ 整篇文档选取：按住 Ctrl 键，将鼠标放置文本左边，光标变为指向右的箭头时，单击左键，即选取整篇文档。

4. 使用菜单命令选取文本

在【开始】/【编辑】分组中单击【选择】选项，在下拉菜单中选择【全选】选项，可选取整篇文档。

文本的编辑

六、文本的编辑

（一）文本删除

删除输入错误文本，除直接利用键盘上的 Backspace 或 Delete 键删除插入点前、后的字符外，还可以采用以下方法删除文本。

① 选取要删除的文本内容，单击 Delete 键或 Backspace 键。

② 选取要删除的文本内容，单击鼠标右键，在快捷菜单里选择【剪切】选项或使用"Ctrl+X"组合键。

（二）文本复制与移动

1. 复制文本的主要方法

① 选中需复制的文本，按住 Ctrl 键直接用鼠标拖动至复制处。

② 选中需复制的文本，直接按住鼠标右键拖动至复制处，松开鼠标右键，在弹出的快捷菜单中选择【复制到此位置】。

③ 选中需复制的文本，单击鼠标右键，在快捷菜单里选择【复制】选项，这时系统把复制的内容存放在"剪贴板"中，再把光标定位到复制处，单击鼠标右键，在快捷菜单【粘贴】选项里选择粘贴方式。

④ 选中需复制的文本，在【开始】/【剪贴板】分组里选择【复制】选项，再把光标定位到复制处，在【开始】/【剪贴板】分组里选择【粘贴】选项里的粘贴方式。

⑤ 选中需复制的文本，使用"Ctrl+C"组合键复制，再把光标定位到复制处，使用"Ctrl+V"组合键粘贴。

2. 移动文本的主要方法

① 选中需移动的文本，直接用鼠标拖动至新位置。

② 选中需移动的文本，按住鼠标右键拖动至新位置，松开鼠标右键，在弹出的快捷菜单中选择【移动到此位置】。

③ 选中需移动的文本，单击鼠标右键，在快捷菜单里选择【剪切】选项，再把光标定位到新位置，单击鼠标右键，在快捷菜单【粘贴】选项里选择粘贴方式。

④ 选中需移动的文本，在【开始】/【剪贴板】分组里选择【剪切】选项，再把光标定位到新位置，在【开始】/【剪贴板】分组里选择【粘贴】选项里选择粘贴方式。

⑤ 选中需移动的文本，使用"Ctrl+X"组合键剪切内容，再把光标定位到新位置，使用"Ctrl+V"组合键粘贴移动的文本。

（三）文本撤销与恢复

1. 文本撤销

Word 2010 会将用户的每一步操作记录下来，如果已完成的操作不正确，需要返回到操作之前的文档状态，可通过"撤销键入"功能实现。用户可以按从后到前的顺序逐步撤销操作步骤，但不能撤销不连续的操作。

2．文本恢复

撤销某些操作之后，可通过"恢复"功能，取消之前的撤销操作。需要注意的是：只有执行了【撤销】命令之后，【恢复】命令才可使用，并与【撤销】命令操作次数和内容相对应。

（四）文本查找与替换

1．文本查找的主要方法

① 打开文档，打开【开始】/【编辑】分组，单击【查找】按钮或使用"Ctrl+F"组合键，打开【导航】窗格（见图 2-5）。在搜索文档框中输入要查找的内容，单击搜索标志，系统将自动查找符合要求的文本，并反色突出显示。

② 在【查找】按钮右侧下拉菜单选择【高级查找】，打开【查找和替换】对话框，输入查找内容，进行查找。

2．文本替换的方法

打开文档，打开【开始】/【编辑】分组，单击【替换】按钮，打开【查找和替换】对话框的【替换】选项卡（见图 2-6）。分别输入查找内容和替换内容，单击【替换】或【全部替换】按钮可以实现单个或批量替换操作。

替换

图 2-5 【导航】窗格

图 2-6 【查找和替换】对话框

七、设置字符及段落格式

（一）设置字符格式

① 在【开始】选项卡中可以找到【字体】分组（见图 2-7）。

图 2-7 【字体】分组

② 字体设置：在字体框内可设置字体。

③ 字号设置：在字号框内设置字号大小。

④ 颜色设置：设置字体颜色和底色。

⑤ 大小写：通过单击【更改大小写】按钮，可改变字母大小写和全半角状态。

⑥ 单击【字体】分组右下角扩展按钮，可以打开【字体】对话框（见图 2-8）。在其中，可一次应用多种字符格式更改文字字体。在其【高级】选项卡中还可以调节字符间距、缩进量等（见图 2-9）。

图 2-8　【字体】对话框

图 2-9　【字体】/【高级】选项卡

（二）设置段落格式

1. 对齐

对齐方式是段落正文在文档左右边界之间的相对位置，Word 2010 有左对齐、居中对齐、右对齐、两端对齐、分散对齐五种对齐方式。设置对齐方式的方法如下。

① 在【开始】/【段落】分组中进行设置（见图 2-10）。

② 使用【段落】对话框设置：单击【开始】/【段落】分组右下角扩展按钮，打开【段落】对话框，设置对齐方式（见图 2-11）。

③ 使用快捷键设置：左对齐 "Ctrl+L"、右对齐 "Ctrl+R"、居中对齐 "Ctrl+E"、两端对齐 "Ctrl+J"、分散对齐 "Ctrl+Shift+J"。

2. 缩进

段落缩进主要用于调整正文与页面边距之间的距离，常用的有左缩进、右缩进、首行缩进和悬挂缩进四种。设置缩进主要有以下几种方法。

① 选中需要设置的段落，选择【开始】/【段落】分组中的【减少缩进量】与【增加缩进量】进行调整设置（见图 2-12）。

② 选中需要设置的段落，选择【视图】/【显示】分组的【标尺】选项按钮，或者点击垂直滚动栏上方的【标尺】按钮，打开标尺（见图 2-13）。用鼠标拖动"首行缩进""悬挂缩进""左缩进"和"右缩进"滑块分别设置相应缩进。

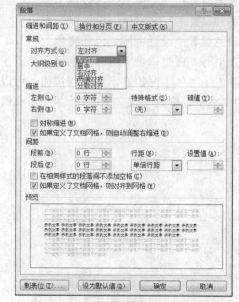

图 2-10　对齐方式设置　　　　　图 2-11　【段落】对话框/对齐方式设置

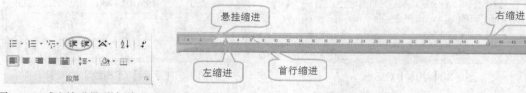

图 2-12　减少缩进量/增加缩进量　　　　　图 2-13　标尺

③ 选中需要设置的段落，单击【页面布局】/【段落】分组中调整左/右缩进的数值（见图 2-14）。

图 2-14　【页面布局】/【段落】左/右缩进

④ 选中需要设置的段落，单击【开始】/【段落】分组右下角扩展按钮，打开【段落】对话框，在"缩进"区域"左侧"或"右侧"编辑框设置缩进值。可在【特殊格式】中设置首行缩进和悬挂缩进（见图 2-15）。

3. 行间距、段间距

为了使整个 Word 文档看起来更加美观、疏密有致，需要通过调整行间距和段间距设置行与行、段落与段落之间的距离。具体的操作方法如下。

① 选中要调整行间距或段间距的文字，在【开始】/【段落】分组中【行和段落间距】按钮下拉菜单，调整段落间距。

② 选中要调整行间距或段间距的文字，单击【开始】/【段落】分组的扩展按钮，打开段落对话框，在"间距"区域中调整段前、段后间距和行距。

③ 选中要调整行间距或段间距的文字，在【页面布局】/【段落】分组中调整段前、段后间距的数值。

4. 制表符

制表符可以在不使用表格时垂直方向按列对齐文本，对应键盘上的 Tab 键位。每按一次 Tab 键，插入一个制表符，系统默认的宽度是两个字符（0.75cm）。还可以通过【开始】/【段落】对话框左下角的【制表位】选项打开【制表位】对话框（见图 2-16），进行制表位的位置、默认制表位宽度、对齐方式、前导符的设置。

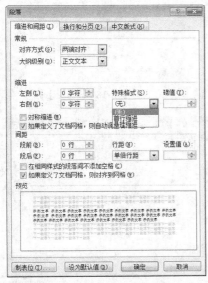

图 2-15　【段落】对话框/缩进设置

图 2-16　【制表位】对话框

5. 项目符号/编号

在 Word 文档中，使用编号和项目符号，可以使文档条理更清楚，更有层次感。不同的是前者使用相同的符号或图片，后者使用连续的数字或字母。设置方法主要有以下几种。

项目符号/编号

① 自动添加，即在段落开始前输入一定格式的编号，输入文本，到下一段落按回车键时，Word 会自动将下一编号加入到下一段落开始。

② 选中需要添加项目符号或编号的文字，单击【开始】/【段落】分组中的【项目符号】或【编号】选项完成项目符号或编号的添加（见图 2-17、图 2-18）。

6. 边框和底纹

在 Word 文档中，为了突出显示重点文字和段落，可以设置边框或底纹效果。可以使用【边框和底纹】对话框进行设置，操作步骤如下。

边框和底纹

① 选中需要添加边框或底纹的段落，单击【开始】/【段落】分组中【下框线】下拉菜单中选项进行设置。

② 需要进行详细设置，可单击【边框和底纹】按钮，打开【边框和底纹】对话框（见图 2-19）。

③ 在【边框】选项卡内设置形式、样式、颜色、宽度及应用范围（见图 2-19）。

④ 在【底纹】选项卡内填充颜色、图案样式及应用范围（见图 2-20）。

图 2-17 【项目符号】标签

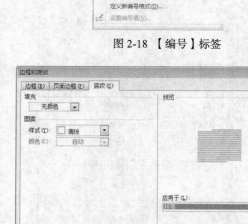

图 2-18 【编号】标签

图 2-19 【边框和底纹】对话框

图 2-20 【底纹】选项卡

八、设置特殊格式

（一）首字下沉

将文档首段首字设置为不同的字体、字号，以引起注意。这种设置在 Word 2010 中可以使用"首字下沉"效果实现，操作步骤如下。

① 选中段落，单击【插入】/【文本】分组中的【首字下沉】按钮，打开下拉菜单，可选择【下沉】或【悬挂】进行快速设置（见图 2-21）。

② 选择【首字下沉选项】，打开【首字下沉】对话框，设置首字的字体、下沉行数和距正文的距离（见图 2-22）。

（二）分栏

分栏指将文档中的文本分成两栏或多栏，一般用于杂志、报纸排版，以创建不同风格的文档，使版面更加生动，操作步骤如下。

分栏

图 2-21 【首字下沉】按钮

图 2-22 【首字下沉】对话框

① 选中段落，单击【页面布局】/【页面设置】分组中的【分栏】选项，打开下拉菜单，可选择菜单项进行快速设置（见图 2-23）。

② 选择【更多分栏】选项，可打开【分栏】对话框，设置栏数、是否使用分隔线、栏宽度和间距、应用范围等，在右侧可看到预览效果（见图 2-24）。

图 2-23 【分栏】按钮

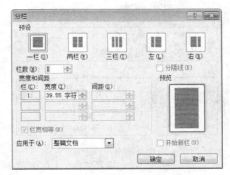

图 2-24 【分栏】对话框

（三）页眉页脚

页眉页脚在文档中每个页面的顶部和底部区域，用于显示文档的附加信息。设置页眉页脚的操作如下。

① 在【插入】/【页眉和页脚】分组中单击【页眉】或【页脚】选项，在弹出的下拉菜单中可选择页眉或页脚的样式（见图 2-25，图 2-26）。

② 选定后，文档自动进入页眉/页脚编辑区，可自行输入页眉/页脚内容。

③ 在功能区打开【页眉和页脚工具】/【设计】选项卡（见图 2-27），可对页眉页脚进行更详细的设置。

④ 单击【关闭页眉页脚】按钮，可以退出页眉页脚的编辑状态；或者在文档编辑区任意位置双击鼠标左键，退出页眉页脚的编辑状态。

页眉页脚

（四）插入页码

在【插入】/【页眉和页脚】分组中单击【页码】选项，可打开下拉菜单（见图 2-28），在其中可以选择插入页码的位置。单击【设置页码格式】可打开【页码格式】对话框（见图 2-29），设置编号格式、是否包含章节号、章节起始样式和分隔符、页码编号位置等。

图 2-25 【页眉】按钮

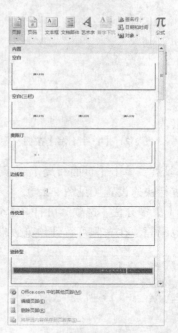

图 2-26 【页脚】按钮

图 2-27 【页眉和页脚工具】/【设计】选项卡

图 2-28 【页码】按钮

图 2-29 【页码格式】对话框

九、页面设置

（一）设置页边距

页边距是指文本与纸张边缘的距离。Word 通常在页边距之内打印文档正文，设置页边距的方法如下。

① 快速设置：打开【页面布局】/【页面设置】分组中的【页边距】选项，打开下拉菜单，可选择系统预设好的页边距进行快速设置（见图 2-30）。

② 使用【页面设置】对话框设置：在【页边距】下拉菜单单击【自定义边距】或【页面设置】，打开【页面设置】对话框进行页边距的精确设置（见图 2-31）。

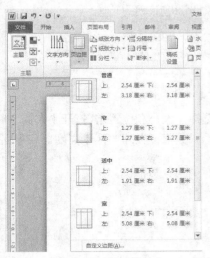

图 2-30 【页边距】按钮

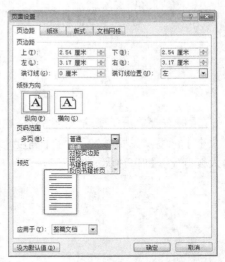

图 2-31 【页面设置】对话框【页边距】选项卡

（二）设置纸张方向、大小

① 快速设置：在【页面布局】/【页面设置】分组中单击【纸张方向】和【纸张大小】选项进行快速设置。

② 使用【页面设置】对话框设置：在【页边距】下拉菜单中单击【自定义页边距】，打开【页面设置】对话框，在【页边距】选项卡中进行页边距和纸张方向的设置。

十、图片的添加及美化

（一）图片的添加

在 Word 2010 中，添加图片可以选择计算机里保存的图片，也可以使用 Word 2010 剪辑库中存放的剪贴画，操作步骤如下。

① 插入图片：将光标定位到需要插入图片的位置，选择【插入】选项卡，单击【插图】分组中的【图片】按钮，打开【插入图片】对话框。找到图片所在位置，选中需要插入的图片，单击【插入】按钮完成图片的添加。

图片的添加及美化

② 插入剪贴画：将光标定位到需要插入剪贴画的位置，选择【插入】选项卡，单击【插图】分组中的【剪贴画】按钮，打开【剪贴画】窗格，单击需要的剪贴画，完成剪贴画的添加。

（二）缩放图片

图片大小不符合要求时，可以对图片进行缩放操作，操作步骤如下。

① 单击所要缩放的图片，在图片的四角和四边的中间会出现 8 个控制点，将鼠标指针放在控制点上鼠标会变成双向箭头，按住鼠标左键拖动放大或缩小所选图片。

② 单击所要缩放的图片，功能区出现【图片工具】/【格式】选项卡/【大小】分组（见图 2-32），可在【高度】和【宽度】中输入数值，对图片大小进行精确设置。

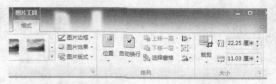

图 2-32 【图片工具】/【格式】/【大小】分组

③ 鼠标右键单击所要缩放的图片，在弹出的菜单中选择【大小和位置】，打开【布局】对话框【大小】标签（见图 2-33），在【高度】和【宽度】中输入数值或在缩放区【高度】和【宽度】中输入百分比，即可放大或缩小图片。

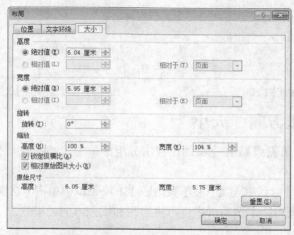

图 2-33 【布局】对话框/【大小】选项卡

（三）裁剪图片

对图片进行裁剪操作，可以保存图片中的部分内容，去掉不需要的部分。操作步骤如下。

① 单击所要裁剪的图片，功能区出现【图片工具】/【格式】/【大小】分组（见图 2-32），用鼠标单击【裁剪】选项，出现裁剪指针，选择合适的控制点，按住鼠标左键拖动到合适位置，再单击【裁剪】选项，即可裁剪所选图片。

② 鼠标右键单击所要裁剪的图片，在弹出的菜单中选择【设置图片格式】，打开【设置图片格式】对话框，选择【裁剪】标签，通过在裁剪位置处修改宽度和高度，实现裁剪图片。

（四）移动图片

① 单击所要移动的图片，在功能区出现【图片工具】/【格式】/【排列】分组，鼠标单击【位置】选项（见图 2-34），在下拉菜单中选择合适的文字环绕方式。

② 选择【其他布局选项】或鼠标右键单击所要移动的图片，在弹出菜单中选择【大小和位置】，打开【布局】对话框【文字环绕】标签（见图 2-35），确定图片的位置。

图 2-34 【图片工具】/【格式】/【位置】菜单　　　　图 2-35 【布局】对话框/【文字环绕】选项卡

（五）调整图片的亮度、对比度、颜色、艺术效果

调整图片的亮度、对比度、颜色、艺术效果等效果使图片更加美观，这些操作均可在【图片工具】/【格式】/【调整】分组中设置实现。

十一、自选图形

自选图形

在 Word 2010 中，提供了一些现成的线条、箭头、流程图、星星等形状供用户自行绘制自选图形，还可以组合成更加复杂的形状。

（一）绘制自选图形

① 单击【插入】/【插图】分组中【形状】选项，在打开的形状面板中单击需要绘制的形状（见图 2-36），鼠标指针变成细十字。

② 将鼠标指针移动到需要插入图形的位置，按下左键拖动鼠标即可绘制图形。将图形大小调整至合适大小后，释放鼠标左键完成自选图形的绘制。

（二）设置自选图形格式

① 选择所绘图形，功能区出现【绘图工具】/【格式】/【形状样式】分组（见图 2-37），可以对图形进行形状样式的调整。

图 2-36 【插入】/【形状】菜单

➤ 形状填充：在【主题颜色】和【标准色】区域可以设置图形的填充颜色。

➤ 形状轮廓：除了设置轮廓的颜色外，还可设置轮廓的粗细和线型。

➤ 形状效果：可实现预设、阴影、映像、发光、柔化边缘等效果快速设置。

② 选择【形状样式】分组右下角或鼠标右键单击自选图形，可打开【设置形状格式】对话框（见图 2-38），可选择填充、线条颜色、线型、阴影、映像、发光和柔化边缘等标签对图形进行详细设置。

图 2-37 【绘图工具】/【格式】/【形状样式】分组　　　　图 2-38 【设置形状格式】对话框

（三）旋转自选图形

① 选择自选图形出现控制点，在图片上方有一绿色圆点。鼠标移动至圆点变成"旋转"指针样式，按住鼠标左键，可直接进行旋转操作。

② 通过【设置形状格式】对话框【三维旋转】标签，可精确设置图形旋转角度。

（四）调整自选图形叠放顺序

多个自选图形放在一起时，会出现后插入的图形遮住先插入的图形现象，后绘制的图形会比先绘制的图形层次高。可以调整自选图形的叠放顺序，具体方法如下。

① 选择需要改变叠放顺序的图形，打开【绘图工具】/【格式】/【排列】分组。

② 鼠标右键单击需要改变叠放顺序的图形，在右键快捷菜单里指向【置于顶层】或【置于底层】选项，在弹出的子菜单中选择叠放顺序。

（五）自选图形的组合

多个自选图形可以组合成一个大图形，便于整体操作，操作步骤如下。

① 按住 Ctrl 键，依次选择需要组合的图形，鼠标右键单击图形，在右键快捷菜单里单击【组合】/【组合】选项，可将多个图形组合成一个大图形。组合可方便地进行缩放、移动等操作。

② 按住 Ctrl 键，依次选择需要组合的图形，打开【绘图工具】/【格式】/【排列】分组，单击【组合】/【组合】选项。

十二、文本框

（一）插入文本框

Word 2010 内置多种样式的文本框，插入文本框的方法如下。

① 插入空文本框：单击【插入】/【文本】/【文本框】选项，在弹出的下拉菜单中选择需要的文本框样式（见图 2-39）。

文本框

② 将已有内容设置为文本框：选中需要的内容，单击【插入】/【文本】/【文本框】选项，可将现有内容设置为文本框。

（二）编辑文本框

文本框具有图形的属性，对文本框的大小调整、格式设置的操作与对图形图片的操作一致。可在【设置形状格式】对话框中【文本框】标签中设置文本框内部的文字版式、自动调整与内部边距（见图2-40）。

图 2-39 【插入】/【文本框】菜单

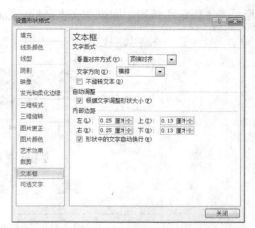

图 2-40 【设置形状格式】对话框【文本框】选项卡

十三、艺术字

艺术字

（一）插入艺术字

单击【插入】/【文本】/【艺术字】选项（见图2-41），选择需要的艺术字效果，在文档中出现的艺术字文本框中输入文字内容。

（二）编辑艺术字

选择需要编辑的艺术字，打开【绘图工具】/【格式】/【艺术字样式】分组（见图 2-42）。可修改艺术字样式、文本填充、文本轮廓和文本效果。

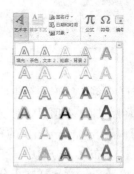

图 2-41 【插入】/【艺术字】菜单

图 2-42 【绘图工具】/【格式】/【艺术字样式】分组

十四、SmartArt 图形的使用

（一）创建 SmartArt 图形

光标定位到需要插入 SmartArt 图形的位置，选择【插入】/【插图】/【SmartArt】选项，打开【选择 SmartArt 图形】对话框（见图 2-43）。选中 SmartArt 图形单击【确定】按钮，即可在文本区的 SmartArt 图形中输入文本。

SmartArt 图形的使用

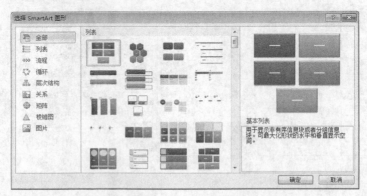

图 2-43 【选择 SmartArt 图形】对话框

（二）编辑 SmartArt 图形

创建 SmartArt 图形之后，打开【SmartArt 工具】/【设计】/【SmartArt 工具】/【格式】选项卡，可以对 SmartArt 图形进行布局、样式、排列的设置。

1.【SmartArt 工具】/【设计】选项卡（见图 2-44）

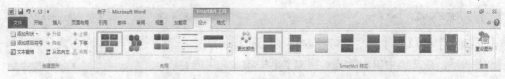

图 2-44 【SmartArt 工具】/【设计】选项卡

①【创建图形】分组中，【添加形状】选项可在 SmartArt 图形中添加形状，【添加项目符号】选项可添加文本项目符号，【升级】和【降级】选项可调整 SmartArt 图形的级别，【从右向左】选项可调整 SmartArt 图形的布局方向。

②【布局】分组中，可改变 SmartArt 图形的布局样式。

③【SmartArt 样式】分组中，可改变 SmartArt 图形的颜色和填充效果。

④【重置】分组中，【重设图形】选项取消对 SmartArt 图形的所有操作。

2.【SmartArt 工具】/【格式】选项卡（见图 2-45）

①【形状】分组中，可对 SmartArt 图形改变形状和大小。

②【形状样式】分组中，可对 SmartArt 图形中的形状设置填充效果、轮廓样式和形状效果的选择。

图 2-45　【SmartArt 工具】/【格式】选项卡

③【艺术字样式】分组中，可为 SmartArt 图形中选中的文本设置艺术字样式和填充效果等。

④【排列】分组中，可设置 SmartArt 图形和形状的位置、环绕方式、对齐和旋转操作等。

⑤【大小】分组中，可设置 SmartArt 图形和形状的高度和宽度。

十五、表格的创建及编辑

（一）表格创建

① 插入表格：选择【插入】/【表格】分组【表格】选项，出现下拉菜单（见图 2-46），在【插入表格】区域移动鼠标选择合适数量的行和列，自动插入表格。

② 使用【插入表格】对话框：在图 2-46 所示的下拉菜单中选择【插入表格】，打开【插入表格】对话框（见图 2-47），输入列数和行数。根据需要选择"自动调整"操作，单击【确定】完成表格的插入。

图 2-46　【插入】/【表格】按钮

图 2-47　【插入表格】对话框

③ 绘制表格：在图 2-46 所示下拉菜单中选择【绘制表格】选项，鼠标变成铅笔形状，这种绘制方式可以获得个性化的不规则的表格。

④ 插入电子表格：在 Word 2010 中，可直接插入 Excel 电子表格，插入的电子表格具有数据运算等功能。

⑤ 快速表格：Word 2010 提供了预先设计好格式的表格方便用户使用，快速表格功能可以直接使用这些内置的表格样式。

（二）表格编辑

1. 选定表格对象

对表格的操作要先选定操作对象（见表 2-2）。

表 2-2   选定表格对象

选定对象	操作
单元格	鼠标移向单元格左侧，变成指向右上的黑色实心小箭头，单击鼠标左键
行	鼠标移向行左侧，变成指向右上方的白色空心箭头，单击鼠标左键
列	鼠标移向列上方，变成指向下方的黑色实心小箭头，单击鼠标左键
表格	鼠标移向表格，表格左上角出现 ⊞ 标志，鼠标移到该标志单击左键

在选定多个连续的单元格、行、列时，可以在上述的操作时按住鼠标左键拖曳，或按住 Shift 键；在选定多个不连续的单元格、行、列时，可以在上述的操作时按住 Ctrl 键，选择所需的单元格、行、列。

2. 插入行、列、单元格

编辑表格时，有时需要增加行、列或单元格，主要方法如下。

① 光标定位到表格需要增加的位置，功能区出现【表格工具】（见图 2-48），选择【布局】选项卡，在【行和列】分组出现四个插入按钮，按对应按钮完成相应操作。

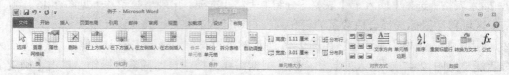

图 2-48 【表格工具】选项卡

② 光标定位到表格需要位置，单击鼠标右键打开快捷菜单，选择【插入】菜单项，同样可以进行行、列或单元格的插入。

3. 删除行、列、单元格

删除表格中不需要的行、列、单元格，主要方法如下。

① 选择需要删除的行、列、单元格，单击【表格工具】/【布局】/【行和列】分组中【删除】选项。

② 选择需要删除的行、列、单元格，单击鼠标右键快捷菜单中的删除命令。

4. 设置行高和列宽

由于表格中内容不同，表格的行高和列宽也各不相同，主要方法如下。

① 鼠标设置：将鼠标移动到所需调整的行或列的边框，鼠标指针变成双向箭头时，按住鼠标左键进行拖曳，调整行高或列宽。

② 精确设置：选择需要调整的行或列，打开【表格属性】对话框，可在【行】和【列】标签中分别设置行高和列宽，如图 2-49、图 2-50 所示。

③ 自动调整：选择需要调整的行或列，单击【表格工具】/【布局】/【单元格大小】/【自动调整】选项打开下拉菜单，选中"根据内容调整表格"或"根据窗口调整表格"。

④ 平均分布各行/各列：单击【表格工具】/【布局】/【单元格大小】/【分布行】或【分布列】。或单击鼠标右键，在弹出的快捷菜单中选择【平均分布各行】或【平均分布各列】。

5. 单元格合并与拆分

比较复杂的表格，需要将多个单元格合并成一个单元格，或者需要将一个单元格拆分成多个单元格，主要方法如下。

图 2-49 【表格属性】对话框/【行】选项卡

图 2-50 【表格属性】对话框/【列】选项卡

① 合并单元格：选择需要合并的多个单元格（可以是多行或多列的，但所选单元格必须能成矩形），单击【表格工具】/【布局】/【合并】/【合并单元格】，所选的单元格即合并成一个；鼠标右键快捷菜单中的【合并单元格】同样可以完成合并。

② 拆分单元格：选择需要拆分的单元格，单击【表格工具】/【布局】/【合并】/【拆分单元格】，在弹出的【拆分单元格】对话框中输入要拆分的列数和行数，单击【确定】完成拆分；鼠标右键快捷菜单中的【拆分单元格】同样可以打开【拆分单元格】对话框。

十六、表格的美化

（一）表格对齐

① 表格对齐方式。选择表格，单击【表格工具】/【布局】/【表】/【属性】选项，打开【表格属性】对话框（见图 2-51）。可选择表格的对齐方式"左对齐""居中"或"右对齐"，如果"文字环绕"，可单击【定位】选项，打开【表格定位】对话框（见图 2-52），进行表格的定位；或者选择表格，单击鼠标右键，在快捷菜单中单击【表格属性】选项，打开【表格属性】对话框。

图 2-51 【表格属性】对话框

图 2-52 【表格定位】对话框

② 单元格对齐方式。选中需要设置的单元格，单击【表格工具】/【布局】/【对齐方式】分

组中的各选项，可实现各种对齐方式的设置。单击鼠标右键，也有【单元格对齐方式】的设置。单元格文本有九种对齐方式，分别是"靠上两端对齐""靠上居中对齐""靠上右对齐""中部两端对齐""中部居中对齐""中部右对齐""靠下两端对齐""靠下居中对齐"和"靠下右对齐"。

（二）设置表格边框和底纹

要设置表格的边框和底纹，首先选中表格，单击【表格工具】/【设计】/【绘图边框】分组中各选项（见图2-53），可以完成边框的线型、宽度和颜色的选择设置。单击右下方扩展按钮，可以打开【边框和底纹】对话框。在【边框】和【底纹】标签中（见图2-54、图2-55），可根据需要进行边框样式、颜色、宽度、应用范围、填充颜色、图案样式和颜色的详细设置。

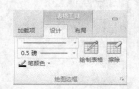

图2-53 【表格工具】/【设计】/
【绘图边框】分组

图2-54 【边框和底纹】对话框/【边框】标签

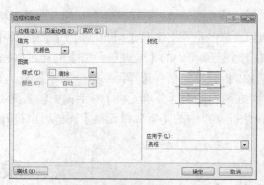

图2-55 【边框和底纹】对话框/【底纹】标签

十七、表格套用格式设置

表格样式在【表格工具】/【设计】/【表格样式】分组中（见图2-56），单击下拉菜单，可打开全部样式供选择。如果这些不能满足用户需要，用户还可以使用【表格样式】分组中的【底纹】和【边框】选项，修改设置个性化底纹和边框。

表格样式

图2-56 【表格工具】/【设计】/【表格样式】分组

十八、表格数据的计算与排序

（一）表格数据的计算

表格数据的计算

在表格中可以借助数学公式运算功能对表格中的数据进行常见的运算，操作步骤如下。

① 选中表格中计算结果所在单元格，单击【表格工具】/【布局】/【数据】分组/【公式】选项（见图 2-57）。

② 打开【公式】对话框（见图 2-58），【公式】编辑框会根据表格中的数据和结果单元格的位置自动生成公式，还可以选择【粘贴函数】下拉菜单选择别的函数，单击【确定】按钮，即可在结果单元格中得到计算结果。

图 2-57 【表格工具】/【布局】/【数据】分组　　　　图 2-58 【公式】对话框

③ 当表格有多个需要相同操作的单元格时，只要将单元格的公式计算结果复制，粘贴到所需单元格。按下 "Ctrl+A" 选中整个文档，单击鼠标右键，选中【更新域】，即可获得所有的公式运算结果。

（二）表格数据的排序

在 Word 2010 中也可以对表格进行排序操作，操作步骤如下。

① 选择需要数据排序的表格中任意单元格，单击【表格工具】/【布局】/【数据】分组/【排序】选项。

② 打开【排序】对话框（见图 2-59），在【列表】区域选中 "有标题行" 或 "无标题行" 单选框。如表格中的标题不需参与排序，选择 "有标题行"；反之选择 "无标题行"。

表格数据的排序

③ 在【主要关键字】区域，选择排序的主要关键字。单击打开【类型】下拉菜单（见图 2-60），选择类型选项。选中 "升序" 或 "降序" 设置排序的类型。

④ 同样方法完成【次要关键字】和【第三关键字】的相关设置，单击【确定】排序。

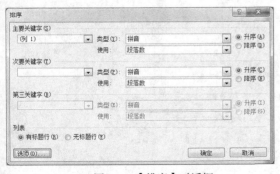

图 2-59 【排序】对话框　　　　　　　　图 2-60 【排序】对话框/【关键字类型】

第三部分 经典例题及详解

【例 1】按试题要求完成文档编辑：

（1）在 Word 2010 中新建一个空白文档；

（2）将“关于校内转专业有关事项的通知-素材.docx”中的内容插入到新建文档；

（3）页面设置采用 B5 纸张，上下左右边距都是 2 厘米；

（4）标题居中，文字为小二号，隶书加粗；

（5）正文为四号，华文仿宋字体，行距为固定值 22 磅；

（6）每段开头首行缩进 2 个字符；

（7）最后一行“教务处”几个字右对齐，插入当前日期，右对齐；

（8）文档保存为“转专业通知.docx”；

（9）制作后的效果如图 2-61 所示。

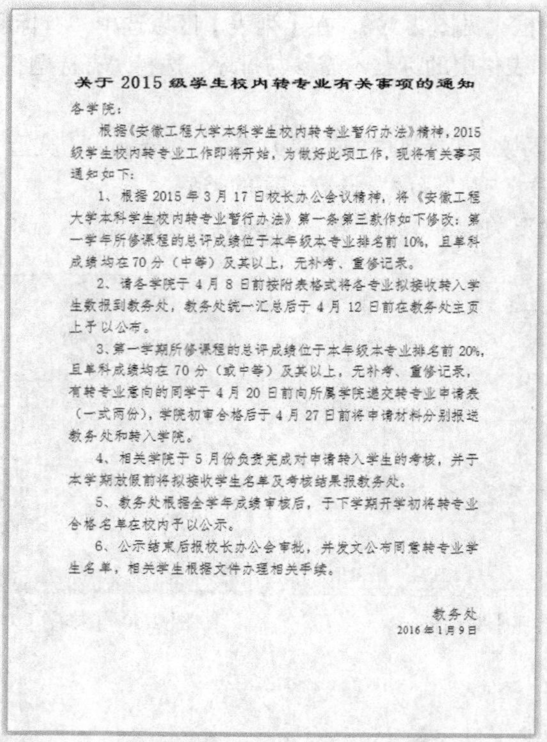

关于 2015 级学生校内转专业有关事项的通知

各学院：

根据《安徽工程大学本科学生校内转专业暂行办法》精神，2015 级学生校内转专业工作即将开始，为做好此项工作，现将有关事项通知如下：

1、根据 2015 年 3 月 17 日校长办公会议精神，将《安徽工程大学本科学生校内转专业暂行办法》第一条第三款作如下修改：第一学年所修课程的总评成绩位于本年级本专业排名前 10%，且单科成绩均在 70 分（中等）及其以上，无补考、重修记录。

2、请各学院于 4 月 8 日前按附表格式将各专业拟接收转入学生数报到教务处，教务处统一汇总后于 4 月 12 日前在教务处主页上予以公布。

3、第一学期所修课程的总评成绩位于本年级本专业排名前 20%，且单科成绩均在 70 分（或中等）及其以上，无补考、重修记录，有转专业意向的同学于 4 月 20 日前向所属学院递交转专业申请表（一式两份），学院初审合格后于 4 月 27 日前将申请材料分别报送教务处和转入学院。

4、相关学院于 5 月份负责完成对申请转入学生的考核，并于本学期放假前将拟接收学生名单及考核结果报教务处。

5、教务处根据全学年成绩审核后，于下学期开学初将转专业合格名单在校内予以公示。

6、公示结束后报校长办公会审批，并发文公布同意转专业学生名单，相关学生根据文件办理相关手续。

教务处

2016 年 1 月 9 日

图 2-61　效果图

【答案与解析】

（1）【解析】单击【页面布局】/【页面设置】分组中【纸张大小】按钮的下拉菜单中【其他页面大小】选项，打开【页面设置】对话框，设置页面上、下边距，具体设置如图 2-62 和图 2-63 所示。

（2）【解析】单击【开始】/【字体】分组中命令设置文字样式，并利用【段落】对话框设置文档中文字行距，如图 2-64 所示。

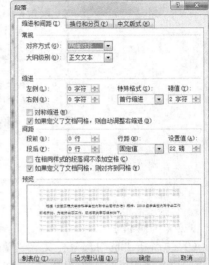

图 2-62　页面设置　　　　　图 2-63　纸张大小设置　　　　　图 2-64　行距设置

【例 2】按试题要求完成文档排版：

（1）在 Word 2010 中新建一个空白文档；

（2）将"信念是一粒种子.docx"中的内容插入到新建文档中；

（3）将标题设成二号隶书、居中；

（4）第 1 段首字下沉 2 行，字体为楷体 GB2312；

（5）其他部分文字设置成四号、宋体、首行缩进 2 个字；

（6）第 2 段文字分成 2 栏，加分割线，浅绿色文字底纹；

（7）第 3 段加段落边框，双线、1.5 磅、红色；

（8）第 4 段插入图 2-65 所示的剪贴画，调整大小高为 3 厘米，设置成四周环绕型；

（9）在文章的最后插入"填充-橙色强调文字颜色 6 暖色粗糙棱台"型艺术字"信念是一粒种子"，居中显示；

（10）使用文字"机密文件"作为水印，字体为隶书、非半透明、倾斜样式；

（11）为页面添加"心型"边框；

（12）保存文件；

（13）制作后的效果如图 2-65 所示。

图 2-65　效果图

【答案与解析】

（1）【解析】选中预分栏文字。单击【页面布局】/【页面设置】分组中【分栏】选项，在弹出的下拉菜单中选择【更多分栏】选项，打开【分栏】对话框。选择"两栏"，选中"分割线"选项。详细设置如图 2-66 所示。

（2）【解析】选中预添加底纹文字。单击【页面布局】/【页面背景】分组中【页面边框】选项，打开【边框和底纹】对话框。选择"底纹"选项卡，设置底纹颜色为"红色"，应用于"文字"，详细设置如图 2-67 所示。选择"页面边框"选项卡，"艺术型"选项中设置页面边框为"心型"。选择"边框"选项卡，设置样式为"双线"，颜色为"红色"，线宽为"1.5 磅"，详细设置如图 2-68 所示。

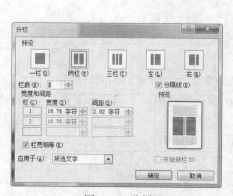

图 2-66　分栏设置

图 2-67　底纹设置

（3）【解析】单击【插入】/【文本】分组中【艺术字】选项，选择"填充-橙色强调文字颜色6 暖色粗糙棱台"样式。在艺术字框中输入指定文字，并设置居中显示。单击【页面布局】/【页面背景】分组中【水印】选项，打开【水印】对话框。选择"文字水印"选项，设置字体为隶书，文字为"机密文件"，取消"半透明"选项，详细设置如图 2-69 所示。

图 2-68　边框设置

图 2-69　水印设置

【例 3】按试题要求完成文档编辑：

（1）将素材文字转换成表格；

（2）在表格最右插入一空列，在插入的空列第一行单元格输入文字"总分"；在表格最后插入一空行，在其新插入行的第一单元格输入文字"平均成绩"，然后合并最后一行第 1 至 3 个单元格；

（3）在表格最后一列中计算各名学生的总分，在表格最后一行计算各科成绩的平均成绩；

（4）设置表格第 1 列至第 3 列宽度为 2 厘米；第 4 列至第 8 列宽度为 1.8 厘米，所有单元格高度 0.8 厘米；

（5）对各名学生依据总分的成绩进行降序排序；如果成绩相同，则以"数据结构"成绩降序排序；

（6）设置表格样式为：中等深浅网格 3-强调文字颜色 1；

（7）设置表格中所有文字中部居中对齐；

（8）设置表格居中对齐；

（9）保存文件；

（10）制作后的效果如图 2-70 所示。

【答案与解析】

（1）【解析】选中给定素材文字。单击【插入】/【表格】分组中【表格】选项，在弹出的下拉列表中选择【文本转换成表格】选项，在打开的【将文字转换成表格】对话框中选择【确定】选项。实现以表格形式显示素材文字，效果如图 2-71 所示。将光标定位到表格最后一列的任意一个单元格，单击【表格工具】/【布局】/【行和列】分组中【在右侧插入】选项，在表格最右侧插入一个空列。选中最后一行任意一个单元格，单击【行和列】/【在下方插入】选项，实现最后一行后插入一个新行；选中最后一行第 1 至 3 个单元格，选择【合并】/【合并单元格】选项，实现单元格合并，如图 2-72 所示。

（2）【解析】选中第一个同学总分单元格，单击【布局】/【数据】分组中【公式】选项，在打开的【公式】对话框中设置公式为"=SUM(LEFT)"。单击【确定】按钮。该列其他单元格使用复制公式功能进行复制，选中整个表格，右键弹出菜单中选择【更新域】选项，详细设置如图 2-73 所示。光标定位到最后一行 "软件基础" 列单元格，单击【数据】分组中的【公式】选项，在打开的【公式】对话框中设置公式为 "=AVERAGE(ABOVE)"，单击【确定】按钮。选中指定的列，在【单元格大小】功能区中设置单元格的宽和高。

班级	姓名	性别	软件基础	软件应用	数据结构	操作系统	总分
网络	于亮	男	90	89	92	90	360
软件	李伟男	男	98	87	85	90	360
网络	王立	男	84	92	90	89	355
多媒体	钱丰硕	女	87	90	89	89	355
网络	万方	男	85	90	88	88	351
软件	张晓	男	89	78	90	86	343
多媒体	王立丽	女	71	90	87	83	331
多媒体	李点	女	83	79	82	81	325
软件	王红桥	女	77	86	81	81	325
软件	李光	女	82	81	76	80	319
软件	崔宇	女	78	80	80	79	317
多媒体	赵丽华	男	79	80	79	79	317
网络	张婷婷	男	88	56	88	77	309
网络	张伟	男	75	80	76	77	308
多媒体	陈旭	男	87	77	64	76	304
网络	蔡源	女	86	70	70	75	301
多媒体	宋健	男	73	72	80	75	300
网络	王晓晨	女	68	77	80	75	300
多媒体	李劲	女	67	75	77	73	292
多媒体	张博	女	69	76	73	73	291
网络	李加宇	男	60	50	57	96	263
软件	张楠	男	58	65	60	61	244
平均分			78.82	78.14	79.27	80.59	

图 2-70 效果图

班级	姓名	性别	软件基础	软件应用	数据结构	操作系统
软件	张楠	男	58	65	60	61
网络	蔡源	女	86	70	70	75
软件	李伟男	男	98	87	85	90
多媒体	赵丽华	男	79	80	79	79
软件	张晓	男	89	78	90	86
网络	王立	男	84	92	90	89
多媒体	钱丰硕	女	87	90	89	89
网络	万方	男	85	90	88	88
多媒体	陈旭	男	87	77	64	76
软件	李光	女	82	81	76	80
软件	崔宇	女	78	80	80	79
网络	张婷婷	男	88	56	88	77
多媒体	李点	女	83	79	82	81
多媒体	王立丽	女	71	90	87	83
多媒体	宋健	男	73	72	80	75
软件	王红桥	女	77	86	81	81
多媒体	李劲	女	67	75	77	73
多媒体	张博	女	69	76	73	73
网络	王晓晨	女	68	77	80	75
网络	张伟	男	75	80	76	77
网络	李加宇	男	60	50	57	96
网络	于亮	男	90	88	92	90

图 2-71 表格效果

图 2-72 表格布局

（3）【解析】选中表格，单击【布局】/【数据】分组中【排序】选项，在打开的【排序】对话框中首先在 "列表" 中选择 "有标题行"；然后设置主要关键字为 "总分"，类型为 "数字"，排序方式为 "降序"；次要关键字为 "数据结构"，类型为数字，排序方式为 "降序"。最后单击【确定】按钮，详细设置如图 2-74 所示。

图 2-73 公式设置

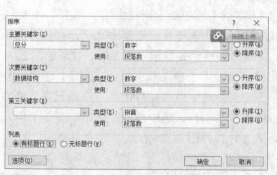

图 2-74 排序

【例 4】按试题要求完成文档编辑：

（1）在 Word 2010 中打开"中国四大名著.docx"文档；

（2）参照样张，在文中插入 SmartArt 图形为：表格列表；

（3）设置 SmartArt 图形的自动换行行为：紧密型环绕；

（4）参照样张，在该 SmartArt 图形中输入文本文字分别为水浒传、西游记、三国演义、红楼梦；

（5）参照样张，设置该 SmartArt 图形的颜色为：强调文字颜色 1，彩色填充-强调文字颜色 1；

（6）参照样张，设置该 SmartArt 样式为：嵌入；

（7）参照样张，设置该 SmartArt 图形文本填充为：茶色、背景 2；文本效果为：发光-红色，5pt 发光，强调文字颜色 2；

（8）设置该 SmartArt 图形的高度为 13.02 厘米；宽度为 10.29 厘米；

（9）参照样张，调整该 SmartArt 图形的位置；

（10）保存文件；

（11）样张效果图 2-75 所示。

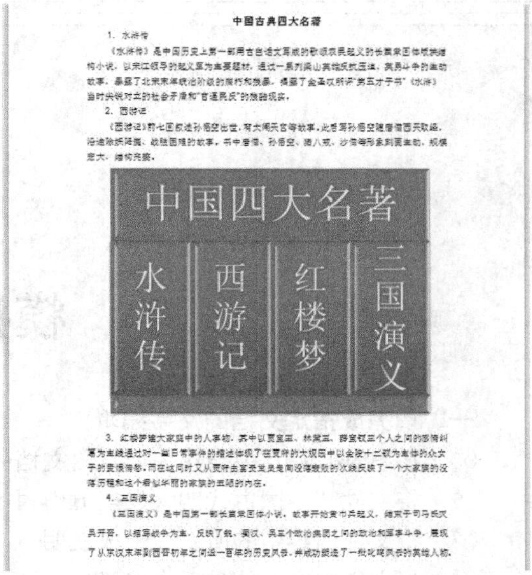

【答案与解析】

【解析】光标定位在文中第 3 段前，单击【插入】/【插图】分组中【SmartArt】选项，打开【选择 SmartArt 图形】对话框，选择"列表"类型中的"表格列表"样式。单击【确定】按钮。单击【设计】/【添加形状】选项，将形状个数增加到四个，如图 2-76 所示。选中 SmartArt 图形，在左侧输入指定内容，效果如图 2-77 所示。选中 SmartArt 图形，单击【设计】/【SmartArt 样式】分组中【更改颜色】选项，如图 2-78 所示。设置颜色为"强调文字颜色 1，彩色填充-强调文字颜色 1"。选中 SmartArt 图形，单击【设计】/【SmartArt 样式】分组"嵌入"样式。选中 SmartArt 图形，单击【格式】/【艺术字样式】分组中【文本填充】选项，设置文本填充样式为"茶色，背景 2"；文本效果为"发光-红色，5pt 发光，强调文字颜色 2"。选中 SmartArt 图形，利用【格式】/【大小】分组中工具设置图形高度和宽度。

图 2-75　效果图

图 2-76　添加形状

图 2-77　文本设置

图 2-78　格式设置

第四部分
模拟试题

模拟题一

一、请完成指定文档的文字编辑：

（1）在 Word 2010 中新建一个空白文档；

（2）将文件"中国古代四大发明.txt"中的内容插入到新建文档中；

（3）将文件内容中的所有"十大发明"一词替换为"四大发明"；

（4）将文件内容中的最后自然段移至第一自然段之前；

（5）参照样张，设置第 1 行文字格式为：华文新魏、一号、深蓝色、居中对齐。设置第 2 行至最后一行为：小四、蓝色，其中中文字体为：隶书；西文字体为：Times New Roman；

（6）参照样张，设置第 2 行至最后一行所有文字的段落格式为：首行缩进 2 字符，段前、段后间距均为 0 行，行距为单倍行距；

（7）参照样张，设置文章标题"中国古代四大发明"字符间距加宽 5 磅；

（8）参照样张，将文章正文中"四大发明"一词加上着重号；

（9）设置允许行首标点压缩；

（10）将文件保存为"中国古代四大发明.docx"。

二、请完成文档的格式设置：

（1）在 Word 2010 中打开"搜索网上信息.docx"文档；

（2）参照样张，设置页面大小为大 32 开（14.8 厘米×21 厘米）；

（3）参照样张，设置页面主题为：凸显；

（4）参照样张，设置页面水印文字为"搜索网上信息"，颜色为浅蓝色，字体为隶书；

（5）参照样张，设置第 1 行文字"搜索网上信息"样式为标题 2、文字居中对齐、幼圆、蓝色；

（6）参照样张，在第 1 行文字"搜索网上信息"后插入脚注："摘自 Internet 实用教程"；

（7）参照样张，设置正文第 1 段首字下沉 2 行；

（8）参照样张，设置相应文字的项目符号为"◆"；

（9）参照样张，设置页眉文字为"搜索网上信息"，字体颜色为：橙色，右对齐；

（10）参照样张，在正文底部插入日期和时间，右对齐；

（11）参照样张，设置正文第 2 段底纹颜色为金色，强调文字颜色 4，正文第 3 段橙色阴影边框，宽度为 3 磅；

（12）保存文件。

三、请完成文档中图文的编辑排版任务：

（1）在 Word 2010 中打开"丽江古城简介.docx"文档；

（2）参照样张，插入样式为第 4 行第 2 列的艺术字：丽江古城简介；

（3）参照样张，设置艺术字对齐文本：中部对齐；自动换行：上下型环绕，将其移至适当位置；

（4）参照样张，设置艺术字高度相对值为 1.9 厘米，宽度相对值为 8.6 厘米；

（5）参照样张，设置艺术字文本轮廓：橙色，强调文字颜色 6；文本效果：居中偏移；

（6）参照样张，插入两个高度：1.6 厘米，宽度 1.8 厘米形状的"右箭头"；

（7）设置所有形状自动换行：穿越型环绕。参照样张，调整形状位置；

（8）参照样张，设置所有形状填充：黄色，形状轮廓：蓝色、粗细 3 磅；形状效果：居中偏移；

（9）参照样张，分别添加数字：1、2。设置字体为：黑体、小四、红色、加粗；

（10）设置所有形状左对齐；

（11）参照样张，在文档中插入图片"丽江古城.jpg"；

（12）设置图片自动换行为：紧密型环绕；

（13）设置图片高度为 5.2 厘米，宽度 8.72 厘米；

（14）设置图片样式为：剪裁对角线、白色；

（15）参照样张，调整图片的位置，水平绝对位置为 5.8 厘米，垂直绝对位置为 2 厘米；

（16）保存文件。

四、请完成文档中表格操作的任务：

（1）在 Word 2010 中打开"职工收入表.docx"文档；

（2）参照样张，将第 2 行到最后一行的文字转换成表格；

（3）参照样张，在表格最右插入一空列，在插入的空列第一行单元格输入文字"月收入"；在表格最后插入一空行，在其新插入行的第一单元格输入文字"平均收入"；

（4）参照样张，在表格最后一列中计算各位职工的月收入，在表格最后一行中计算各项的平均收入；

（5）参照样张，设置表格第 1 列至第 2 列宽度为 3.2 厘米；第 3 列至第 5 列宽度为 2.6 厘米，所有单元格高度 0.6 厘米；

（6）参照样张，对各位职工依据月收入的工资进行升序排序；如果月收入相同，则以基本工资按升序排序；

（7）参照样张，设置表格样式为：中等深浅网格 3-强调文字颜色 5；

（8）参照样张，设置表格中的第 1 行、第 1 列的文字居中对齐；

（9）参照样张，设置表格在页面居中对齐；

（10）保存文件。

五、请完成文档的编辑排版工作：

（1）在 Word 2010 中打开"中国六大茶系.docx"文档；

（2）参照样张，在文中插入 SmartArt 图形为：表格列表；

（3）设置 SmartArt 图形的自动换行为：四周型环绕；

（4）参照样张，在该 SmartArt 图形中输入文本文字分别为绿茶、红茶、青茶、黄茶、黑茶、白茶；

（5）参照样张，设置该 SmartArt 图形的颜色为：强调文字颜色 3、彩色填充-强调文字颜色 3；

（6）参照样张，设置该 SmartArt 样式为：三维-卡通；

（7）参照样张，设置该 SmartArt 图形文本填充为：白色、背景 1；文本效果为：发光-橙色、18pt 发光、强调文字颜色 6；

（8）设置该 SmartArt 图形的高度为 7.9 厘米；宽度为 14.3 厘米；

（9）参照样张，调整该 SmartArt 图形的位置；

（10）保存文件。

模拟题二

一、请完成指定文档的文字编辑：

（1）在 Word 2010 中新建一个空白文档；

（2）将文件"智能家居简介.txt"中的内容插入到新建文档中；

（3）将文件内容中的所有"智能家具"一词替换为"智能家居"；

（4）将文件内容中的最后自然段移至第一自然段之后；

（5）参照样张，设置第 1 行文字格式为：华文楷体、一号、绿色、加粗、居中对齐。设置第 2 行至最后一行为：小四、蓝色，其中中文字体为：微软雅黑；西文字体为：Times New Roman；

（6）参照样张，设置第 2 行至最后一行所有文字的段落格式为：首行缩进 2 字符、段前段后间距均为 0.5 行、行距为固定值 22 磅；

（7）参照样张，设置文章标题"智能家居简介"字符间距加宽 6 磅；

（8）参照样张，将文章正文中"智能家居"一词加上着重号；

（9）设置允许行首标点压缩；

（10）将文件保存为"智能家居简介.docx"。

二、请完成文档的编辑、美化设置：

（1）在 Word 2010 中打开"浏览网上信息.docx"文档；

（2）参照样张，设置页面大小为 16 开（18.4 厘米×26 厘米）；

（3）参照样张，设置页面主题为：波形；

（4）参照样张，设置页面水印文字为"浏览网上信息"，颜色为红色，字体为宋体；

（5）参照样张，设置第 1 行文字"浏览网上信息"样式为标题 2，文字居中对齐、微软雅黑、蓝色；

（6）参照样张，在第 1 行文字"浏览网上信息"后插入脚注："摘自 Internet 实用教程"；

（7）参照样张，设置正文第 1 段首字下沉 3 行；

（8）参照样张，设置正文第 2 段底纹颜色为：绿色，强调文字颜色 3，正文第三段蓝色阴影边框，宽度为 1.5 磅；

（9）参照样张，设置相应文字的项目符号为"●"；

（10）参照样张，设置页眉为"浏览网上信息"，字体颜色为：蓝色，右对齐；

（11）参照样张，在正文底部插入日期和时间，右对齐；

（12）保存文件。

三、请完成文档中图文的编辑排版任务：

（1）在 Word 2010 中打开"北京故宫介绍.docx"文档；

（2）参照样张，插入样式为第 5 行第 3 列的艺术字：北京故宫介绍；

（3）参照样张，设置艺术字对齐文本：中部对齐；自动换行：上下型环绕，将其移至适当位置；

（4）参照样张，设置艺术字高度为 2.4 厘米，宽度 8.2 厘米；

（5）参照样张，设置艺术字文本轮廓：橙色，文本效果：阴影-右下斜偏移；

（6）参照样张，插入两个高度为 3 厘米，宽度为 4.5 厘米的"圆角矩形"形状；

（7）参照样张，调整形状位置。设置所有形状自动换行为：四周型环绕；

（8）参照样张，设置所有形状填充：无色，形状轮廓：深红、粗细 3 磅；形状效果：阴影-右上斜偏移；

（9）参照样张，分别添加文字：建筑简介、主要建筑。设置文字为：华文新魏、二号、蓝色、加粗；

（10）设置所有形状对齐边距；

（11）参照样张，在文档中插入图片"故宫.jpg"；

（12）设置图片自动换行：四周型环绕；

（13）设置图片高度为 6.1 厘米，宽度为 10.9 厘米；

（14）设置图片样式为：棱台矩形；

（15）参照样张，调整图片的位置，图片底端居中；

（16）保存文件。

四、请完成文档中表格操作的任务：

（1）在 Word 2010 中打开"学生成绩统计表.docx"文档；

（2）参照样张，将第 2 行到最后一行的文字转换成表格；

（3）参照样张，在表格最右插入一空列，在插入的空列第 1 行单元格输入文字"总分"；在表格最后插入一空行，在其新插入行的第 1 单元格输入文字"平均成绩"，然后合并 1 至 3 单元格；

（4）参照样张，在表格最后一列中计算各名学生的总分，在表格最后一行的第 4 列至最后列单元格中计算平均成绩；

（5）参照样张，设置表格第 1 列至第 3 列、第 9 列宽度为 1.5 厘米；第 4 列至第 8 列宽度为 2.3 厘米，所有单元格高度 0.8 厘米；

（6）参照样张，对各名学生依据总分的成绩进行降序排序；如果成绩相同，则以"数据结构"成绩降序排序；

（7）参照样张，设置表格样式为：浅色网格-强调文字颜色 2；

（8）参照样张，设置表格中"班级、姓名、性别……"标题行文字居中对齐；

（9）参照样张，设置表格在页面设置中选择页边距适中；

（10）保存文件。

五、请完成文档的编辑排版工作：

（1）在 Word 2010 中打开"四大水果.docx"文档；

（2）参照样张，在文中插入 SmartArt 图形：分离射线；

（3）设置 SmartArt 图形的自动换行为：上下型环绕；

（4）参照样张，在该 SmartArt 图形中输入文本文字分别为苹果、葡萄、柑橘、香蕉；

（5）参照样张，设置该 SmartArt 图形的颜色为：彩色范围，强调文字颜色 5 至 6；

（6）参照样张，设置该 SmartArt 样式为：三维-优雅；

（7）参照样张，设置该 SmartArt 图形文本填充为：白色，背景 1；文本效果为：阴影-向左偏移；

（8）设置该 SmartArt 图形的高度为 8 厘米；宽度为 12 厘米；

（9）参照样张，调整该 SmartArt 图形的位置；

（10）保存文件。

模拟题三

一、请完成指定文档的文字编辑：

（1）在 Word 2010 中新建一个空白文档；

（2）将文件"大数据与社会计算.txt"中的内容插入到新建文档中；

（3）将文件内容中的所有"大数字"一词替换为"大数据"；

（4）将文件内容中的最后自然段移至第一自然段之前；

（5）参照样张，设置第 1 行文字格式为：华文中宋、一号、深红色、居中对齐。设置第 2 行至最后一行为：四号、紫色、其中中文字体为：微软雅黑；西文字体为：Times New Roman；

（6）参照样张，设置第 2 行至最后一行所有文字的段落格式为：首行缩进 2 字符、段前段后间距均为 0.5 行、行距为 1.5 倍；

（7）参照样张，设置文章标题"大数据与社会计算"字符间距加宽 6 磅；

（8）参照样张，将文章正文中"大数据"一词加上着重号；

（9）设置允许行首标点压缩；

（10）将文件保存为"大数据与社会计算.docx"。

二、请完成文档的格式设置：

（1）在 Word 2010 中打开"电子邮件.docx"文档；

（2）参照样张，设置页面大小为 B5（18.2 厘米×25.7 厘米）；

（3）参照样张，设置页面主题为：茅草；

（4）参照样张，设置页面水印文字为"电子邮件的使用"，颜色为深红，字体为微软雅黑；

（5）参照样张，设置第 1 行文字"电子邮件"样式为标题 2，文字居中对齐、微软雅黑、蓝色；

（6）参照样张，在第 1 行文字"电子邮件"后插入脚注："摘自 Internet 实用教程"；

（7）参照样张，设置正文第 1 段首字下沉 3 行，距正文 0.5 厘米；

（8）参照样张，设置正文第 2 段底纹颜色为：金色，强调文字颜色 5，正文第 3 段红色阴影边框，宽度为 2.25 磅；

（9）参照样张，设置相应文字的项目符号为"◇"；

（10）参照样张，设置页眉为"电子邮件的使用"，字体颜色为蓝色；

（11）参照样张，在正文底部插入日期和时间，右对齐；

（12）保存文件。

三、请完成文档中图文的编辑排版任务：

（1）在 Word 2010 中打开"比萨斜塔.docx"文档；

（2）参照样张，插入样式为第 5 行第 5 列的艺术字：比萨斜塔；

（3）参照样张，设置艺术字对齐文本：顶端居中；自动换行：四周型环绕，将其移至适当位置；

（4）参照样张，设置艺术字高度为 3 厘米，宽度为 5.8 厘米；

（5）参照样张，设置艺术字文本轮廓：蓝色，强调文字颜色 1，深色 25%；文本效果：阴影-向下偏移；

（6）参照样张，插入两个高度为 1.8 厘米，宽度为 3.3 厘米的"棱形"形状；

（7）设置所有形状自动换行：穿越型环绕。参照样张，调整形状位置；

（8）参照样张，设置所有形状填充：蓝色，形状轮廓：橙色、粗细 3 磅；形状效果：映像-全映像，接触；

（9）参照样张，分别添加文字：动工、地震。设置文字为：黑体、小四、白色、加粗；

（10）设置所有形状左对齐；

（11）参照样张，在文档中插入图片"比萨斜塔.jpg"；

（12）设置图片自动换行：四周型环绕；

（13）设置图片高度为 5.4 厘米，宽度为 8.1 厘米；

（14）设置图片样式为：映像圆角矩形；

（15）参照样张，调整图片的位置，中间居中；

（16）保存文件。

四、请完成文档中表格操作的任务：

（1）在 Word 2010 中打开"一周洗发水销售报表.docx"文档；

（2）参照样张，将第 2 行到最后一行的文字转换成表格；

（3）参照样张，在表格最下方插入一空行，在其第 2 列单元格输入文字"销售数量总计"；

（4）参照样张，在表格最后一行的"销售数量"列单元格中计算所有代理区域销售数量的总计。在表格第 5 列计算各代理区域销售金额（元）。表格最后一列中计算各代理区域，销售数量所占比例（=销售数量/销售数量总计×100%）；

（5）参照样张，设置表格第 1 列、3 列、4 列宽度为 2.1 厘米；第 2 列、第 5 列、第 6 列宽度为 3.6 厘米；

（6）参照样张，对各代理区域依据"销售数量所占比例"降序排序；

（7）参照样张，设置表格样式为：中等深浅网格 1-强调文字颜色 1；

（8）参照样张，设置表格中序号列文字水平居中对齐；第一行文字水平居中对齐；

（9）参照样张，设置表格在页面居中对齐；

（10）保存文件。

五、请完成文档的编辑排版工作：

（1）在 Word 2010 中打开"蔬菜分类.docx"文档；

（2）参照样张，在文中插入 SmartArt 图形：层次结构；

（3）设置 SmartArt 图形的自动换行为：四周型环绕；

（4）参照样张，在该 SmartArt 图形中输入文本文字分别为蔬菜分类；一、按产品器官分类，1.根菜类、2.茎菜类、3.叶菜类、4.花菜类、5.果菜类；二、农业生物学分类……；

（5）参照样张，设置该 SmartArt 图形的颜色为：彩色范围，强调文字颜色 2 至 3；

（6）参照样张，设置该 SmartArt 样式为：三维-嵌入；

（7）参照样张，设置该 SmartArt 图形文本填充为：蓝色，强调文字颜色 1；文本效果为：转换-弯曲，前近后远；

（8）设置该 SmartArt 图形的高度为 8.5 厘米；宽度为 15.1 厘米；

（9）参照样张，调整该 SmartArt 图形的位置；

（10）保存文件。

模拟题四

一、请完成指定文档的文字编辑：

（1）在 Word 2010 中新建一个空白文档；

（2）将文件"计算机病毒.txt"中的内容插入到新建文档中；

（3）将文件内容中的所有"computer"一词替换为"计算机"；

（4）将文件内容中的最后自然段移至第一自然段之后；

（5）参照样张，设置第1行文字格式为：华文行楷、小初、红色、居中对齐。设置第2行至最后一行文字内字体为：楷体、小四号、绿色；

（6）参照样张，设置第2行至最后一行所有文字的段落格式为：首行缩进2字符、段前段后间距均0.5行；行距2倍；

（7）参照样张，设置文章标题"计算机病毒"字符间距紧缩1.5磅；

（8）参照样张，将文章正文中"计算机病毒"一词全部设置为突出显示；

（9）设置允许行首标点压缩；

（10）将文件保存为"计算机病毒.docx"。

二、请完成文档的格式设置：

（1）在 Word 2010 中打开"网上即时通信.docx"文档；

（2）参照样张，设置页面大小：16开（18.4厘米×26厘米）；

（3）参照样张，设置页面主题为：角度；

（4）参照样张，设置页面水印文字为"网上即时通信"、颜色为浅蓝、字体为华文新魏；

（5）参照样张，设置第1行文字"网上即时通信"样式：标题2、文字居中对齐、黑体、蓝色；

（6）参照样张，在第1行文字"网上即时通信"后插入脚注："摘自 Internet 实用教程"；

（7）参照样张，设置正文第1段首字下沉：2行，距正文：0.5厘米；

（8）参照样张，设置相应文字的项目符号："◆"；

（9）参照样张，设置页眉为"网上即时通信"、深蓝色字体、右对齐；

（10）参照样张，在正文底部插入日期和时间，右对齐；

（11）参照样张，设置正文第2段底纹颜色为：橙色，强调文字颜色2，正文第3段为：蓝色、三维边框，宽度为1.5磅；

（12）保存文件。

三、请完成文档中图文的编辑排版任务：

（1）在 Word 2010 中打开"中国算盘起源.docx"文档；

（2）参照样张，插入样式为第5行第3列的艺术字：中国算盘起源；

（3）参照样张，设置艺术字对齐文本：中部对齐；自动换行：上下型环绕，将其移至适当位置；

（4）参照样张，设置艺术字高度为1.8厘米，宽度为12厘米；

（5）参照样张，设置艺术字文本轮廓：深红；文本效果：转换-波形2；

（6）参照样张，插入两个高度为1.5厘米，宽度为2.8厘米的"圆角矩形标注"形状；

（7）参照样张，设置所有形状自动换行：紧密型环绕，调整形状位置；

（8）参照样张，设置所有形状填充：黄色，形状轮廓：蓝色；形状效果：发光，蓝色，18pt 发光，强调文字颜色1；

（9）参照样张，分别添加文字：发展起源、算盘来历；设置文字为：华文楷体、四号、红色、加粗；

（10）设置所有形状左对齐；

（11）参照样张，在文档中插入图片"算盘.jpg"；

（12）设置图片自动换行：四周型环绕；

（13）设置图片高度为4.5厘米，宽度为7.8厘米；

（14）设置图片样式为：柔化边缘矩形；

（15）参照样张，调整图片的位置，图片右对齐；

（16）保存文件。

四、请完成文档中表格操作的任务：

（1）在 Word 2010 中打开"一季度洗衣液销售报表.docx"文档；

（2）参照样张，将第2行到最后一行的文字转换成表格；

（3）参照样张，在表格最下方插入一空行，在插入的空行第1列单元格输入文字"销售金额合计（元）"；

（4）参照样张，在表格的"销售金额（元）"列单元格中计算所有代理区域销售金额合计（元）的值（=销售数量×单价）；最后一行的第4列单元格中"计算销售金额合计（元）"；在表格第5列计算各代理区域销售金额所占比例（=销售金额/销售金额合计×100%）；

（5）参照样张，设置表格第1列、4列、5列宽度为3.8厘米；第2列、第3列宽度为3.1厘米；

（6）参照样张，对各代理区域依据"销售金额所占比例"降序排序；

（7）参照样张，设置表格样式为：彩色列表-强调文字颜色6；

（8）参照样张，设置表格第1行文字水平居中对齐；

（9）参照样张，设置表格在页面居中对齐；

（10）保存文件。

五、请完成文档的编辑排版工作：

（1）在 Word 2010 中打开"中国传统十大名花排名.docx"文档；

（2）参照样张，在文中插入 SmartArt 图形：射线维恩图；

（3）设置 SmartArt 图形的自动换行为：四周型环绕；

（4）参照样张，在该 SmartArt 图形中输入文本文字分别为：十大名花排名、第一名：梅花、第二名：牡丹、第三名：月季、第四名：荷花、第五名：杜绢、第六名：茶花、第七名：菊花、第八名：兰花、第九名：桂花、第十名：水仙；

（5）参照样张，设置该 SmartArt 图形的颜色为：彩色范围，强调文字颜色4至5；

（6）参照样张，设置该 SmartArt 样式为：三维-粉末；

（7）参照样张，设置该 SmartArt 图形文本填充为：茶色，背景2；文本效果为：发光-红色，8pt 发光，强调文字颜色2；

（8）设置该 SmartArt 图形的高度：8.6厘米；宽度：15.2厘米；

（9）参照样张，调整该 SmartArt 图形的位置；

（10）保存文件。

模拟题五

一、请完成文档的编辑排版工作：

（1）在"D:\考试"文件夹下创建一个空白文档；

（2）将"C:\素材.txt"中的内容插入到新建文档中；

（3）将文档中最后一个自然段移至第一自然段之前；

（4）将第 1 行标题设置为：楷体、红色、三号、加粗、居中对齐，文字间距加宽 10 磅；

（5）设置所有段落首行缩进 2 个字符，并设置为小五号蓝色字，行距为 15 磅；

（6）在文档中插入"C:\素材 1.jpg"，并设置自动换行为：紧密型环绕；

（7）页面设置，纸张大小：A4，设定页面上、下边距：2 厘米，左边距：3.5 厘米，右边距：2 厘米，页眉和页脚上、下边距：2 厘米；添加页眉："唯其热爱，所以执着"。

二、请完成文档的编辑排版工作：

（1）在 Word 2010 中打开"长春净月潭简介.docx"文档；

（2）参照样张，插入样式为第 4 行第 2 列的艺术字：长春净月潭简介；

（3）参照样张，设置艺术字对齐文本：中部对齐；自动换行：上下型环绕，将其移至适当位置；

（4）参照样张，设置艺术字高度相对值为 1.9%，宽度相对值 8.6%；

（5）参照样张，设置艺术字文本轮廓：橙色，强调文字颜色 6；文本效果：居中偏移；

（6）参照样张，插入两个高度为 1.6 厘米，宽度为 1.8 厘米的"右箭头"形状；

（7）参照样张，设置所有形状自动换行：穿越型环绕，并调整形状位置；

（8）参照样张，设置所有形状填充：黄色，形状轮廓：蓝色、粗细 3 磅；形状效果：居中偏移；

（9）参照样张，分别添加数字：1、2；设置字体为：黑体、小四、红色、加粗；

（10）设置所有形状左对齐；

（11）参照样张，在文档中插入图片"长春净月潭.jpg"；

（12）设置图片自动换行为：紧密型环绕；

（13）设置图片高度为 5.2 厘米，宽度为 8.72 厘米；

（14）设置图片样式为：剪裁对角线，白色；

（15）参照样张，调整图片的位置，水平绝对位置为 5.8 厘米，垂直绝对位置为 2 厘米；

（16）保存文件。

三、按要求完成文档的邮件合并任务：

科源有限公司要制作一批客户回访函，现有一批客户相关信息，请根据"客户回访函"样张设计文档。

（1）将素材文档内容转换为 6 行 7 列表格，然后以"客户信息表.docx"为名保存至考试文件夹中；

（2）参照样张，新建"客户回访函.docx"文档，页面设置为 B5 纸型；

（3）参照样张，设置回访函标题为黑体，二号；正文为宋体，小四号字，行间距为 1.5 倍行间距；

（4）参照样张，设置正文首行缩进；

（5）参照样张，最后一行"服务热线"设置为艺术字样式；

（6）对"客户信息表.docx"和"客户回访函.docx"完成邮件合并，在回访函中适合位置插入域；

（7）将姓名域值格式设置为华文行楷、四号；将"购买产品"域值设置为宋体、四号、加粗、加下划线；

（8）将合并后的文档以"客户回访函.docx"为名保存至考试文件夹中；

四、请完成文档的编辑排版工作：

（1）在 Word 2010 中打开"C:\月销售统计表"；

（2）参照样张，将第 2 行到最后一行的文字转换成表格；

（3）参照样张，在表格最右列插入一空列，在其第 1 行单元格中输入文字"金额"；

（4）参照样张，计算各行金额（金额=数量×单价）；

（5）参照样张，设置表格各行行高为 0.5 厘米，第 2 列列宽为 3 厘米，其余各列列宽为 2.5 厘米；

（6）参照样张，在表格最下插入一空行，在其最后单元格插入样张所示格式的日期和时间；并合并该行所有单元格；

（7）参照样张，设置表格样式为：浅色列表-强调文字颜色 3；

（8）参照样张，设置表格最后一行文字右对齐，表格在页面上居中对齐；

（9）保存文件。

五、请完成文档的编辑排版工作：

（1）打开文件"C:\化学.docx"文档；

（2）参照样张，在文中插入 SmartArt 图形：梯形列表；

（3）设置该 SmartArt 图形的自动换行为：四周型环绕；

（4）参照样张，在该 SmartArt 图形中输入文本；

（5）参照样张，设置该 SmartArt 图形的颜色为：彩色范围-强调文字颜色 5-6；

（6）参照样张，设置该 SmartArt 样式为：平面场景；

（7）参照样张，设置该 SmartArt 图形文本为第 6 行第 2 列艺术字样式（填充—橙色，强调文字颜色 6，暖色粗糙棱台）；

（8）参照样张，设置该 SmartArt 图形的高度为 7 厘米，宽度为 14 厘米；调整该 SmartArt 图形的位置；

（9）保存文档。

第三篇 电子表格篇

一、考试对象

本考试针对已完成 NIT 课程"电子表格"（Office 2010 版）学习的所有学员，以及已熟练掌握 Microsoft Office Excel 2010 相关知识和技术的学习者。

二、考试介绍

1. 考试形式：无纸化考试，上机操作。
2. 考试时间：120 分钟。
3. 考试内容：创建和编辑电子表格、格式化电子表格、对电子表格中的数据进行基本计算、对电子表格中的数据进行分析处理、在电子表格中创建和编辑图表。
4. 考核重点：考核学员的对电子表格软件的计算、数据分析和图表处理的应用能力。
5. 软件要求：

操作系统：Windows 7

应用软件：Microsoft Office Excel 2010 办公软件

输入法：拼音、五笔输入法

三、考试要求及内容

序号	能力目标	具体要求	考试内容
一	创建和编辑电子表格的能力	熟练掌握工作簿及工作表的基本操作	1. 建立、打开工作簿文档
			2. 保存工作簿文档
		熟悉 Excel 的窗口操作，掌握在单元格中输入、编辑不同类型的数据和数据的有效性检验的操作	3. 工作表的移动、复制、删除和重命名
			4. 安全保护（工作簿、工作表的保护、设置打开或修改文件密码）
			5. 在单元格中输入文本、数字、文本数字、符号、日期、时间
			6. 在单元格区域中输入序列
			7. 自定义序列

序号	能力目标	具体要求	考试内容
			8.　数据分列
			9.　数据有效性（设置、输入信息、出错警告）
		熟练掌握单元格或单元格区域的插入、删除、移动、复制等操作	10.　单元格或单元格区域（包括行、列）的插入与删除
			11.　单元格或单元格区域中内容移动、复制
			12.　删除单元格区域中数据的重复项
			13.　选择性粘贴（公式、数值、格式、粘贴链接和转置）
		熟练掌握电子表格的页面设置、打印和保存类型	14.　新建、重排、拆分和冻结窗口
			15.　页面布局（页边距、纸张方向、纸张大小、打印区域、打印标题）
			16.　在工作表中创建超链接
			17.　创建 PDF、XPS 文件
二	格式化电子表格的能力	熟练掌握单元格和单元格区域格式的编辑方法	18.　单元格格式设置及自定义单元格格式
			19.　单元格格式的复制
			20.　单元格的合并与居中，标题的跨列居中
			21.　更改列宽和行高
			22.　条件格式
		掌握在工作表中添加图形及批注的方法	23.　插入图形对象
			24.　为单元格添加批注
		熟练掌握工作表格式和自动套用格式设置方法	25.　自动套用格式
			26.　为工作表设置背景
			27.　取消或显示网格线
三	对电子表格中的数据进行基本计算的能力	了解运算符、公式、相对引用和绝对引用的概念，熟练掌握利用公式进行计算的方法	28.　运算符和表达式
			29.　公式中绝对引用、混合引用和三维引用的使用
			30.　单元格或单元格区域的命名和引用
		掌握基本函数和函数嵌套的使用方法，掌握在公式和函数中的三维引用	31.　常用函数应用（Sum、Average、Max、Min、Count、Round、Int）
			32.　时间函数（Today、Date、Year、Month、Day）
			33.　条件函数应用（If、Sumif、Countif）
			34.　函数 Lookup、Vlookup、Rank 的应用
			35.　函数的嵌套
四	对电子表格中的数据进行分析处理的能力	掌握对工作表中单元格区域与表的转换方法，掌握单元格区域与表中数据按要求进行排序和筛选的方法	36.　单元格区域与表的转换
			37.　数据排序（按数字的大小、按汉字的笔画、多关键字、自定义序列）
			38.　对工作表中数据进行自动筛选

续表

序号	能力目标	具体要求	考试内容
			39. 对工作表中数据进行高级筛选
			40. 删除表的重复项
		掌握分类汇总、合并计算、数据透视表的使用方法，掌握表的汇总行和计算列的使用方法	41. 分类汇总
			42. 表的汇总（添加或删除汇总行）
			43. 表的计算列
			44. 合并计算数据(按位置、按分类)
			45. 数据透视表的应用
五	对电子表格中图表的创建与编辑能力	能依据工作表中连续或非连续的数据制作图表	46. 插入图表
			47. 插入数据透视图
			48. 图表位置
		掌握对已有图表的修饰与编辑能力	49. 设置图表样式
			50. 设置图表布局
			51. 编辑图表数据（在图表中增加数据、删除数据）
			52. 更改图表类型
			53. 创建复合图表

第二部分
知识点介绍

Microsoft Excel 2010 是电子表格处理软件，由美国微软公司研制的办公自动化软件 Office 中的重要成员，经过多次改进和升级。它能够方便地制作出各种电子表格，使用公式和函数对数据进行复杂的运算；用各种图表来直观明了地表示数据；利用超级链接功能，用户可以快速打开局域网或 Internet 上的文件，与世界上任何位置的互联网用户共享工作簿文件。

一、Excel 2010 的启动和退出

（一）启动 Excel 2010

通常有以下三种方法启动 Excel 2010。

① 在【开始】菜单中选择【所有程序】/【Microsoft Office】/【Microsoft Excel 2010】，即可启动 Excel 2010。

② 双击桌面上的【Microsoft Excel 2010】程序的快捷方式图标启动。

③ 双击文件夹中的 Excel 文件（其扩展名为".xlsx"），则启动 Excel 2010 并同时打开该文件。

用前两种方法启动 Excel 2010，系统会在 Excel 窗口中自动生成一个名为"工作簿 1"的空白文件。

（二）退出 Excel 2010

通常有以下四种方法退出 Excel 2010。

① 单击 Excel 窗口的【关闭】按钮。

② 双击窗口中"快速访问工具栏"左边的控制图标。

③ 单击【文件】/【退出】。

④ 按"Alt+F4"组合键。

二、Excel 2010 工作界面

Excel 2010 启动后，即打开 Excel 2010 程序工作界面，如图 3-1 所示。

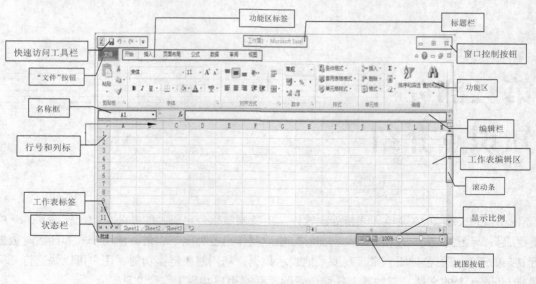

图 3-1　Excel 2010 工作界面

三、工作簿的基本操作

（一）新建工作簿

在 Excel 2010 中，通常有以下三种创建新工作簿的方法。

① 利用【文件】选项卡新建工作簿，具体操作步骤如下。

➤ 单击【文件】/【新建】，打开【新建】的窗格。

➤ 在该窗格中单击【空白工作簿】，然后单击【创建】，即可创建一个新的工作簿。

② 利用【快速访问工具栏】新建工作簿，具体操作步骤如下。

单击【快速访问工具栏】旁边的【自定义快速访问工具栏】按钮 ，在打开的下拉菜单中单击【新建】，则在【快速访问工具栏】中显示 。然后在【快速访问工具栏】中单击【新建】按钮 创建新工作簿。

③ 直接按"Ctrl+N"组合键创建新工作簿。

（二）保存工作簿

单击【快速访问工具栏】旁边的【自定义快速访问工具栏】按钮 ，在打开的下拉菜单中单击【保存】，或者单击【文件】/【保存】，打开【另存为】对话框进行设置。如果对于已经保存过的工作簿，想要重新保存为另一个文件，则单击【文件】/【另存为】，打开【另存为】对话框进行设置。在【另存为】对话框中，选择保存位置、保存类型、输入文件名，然后单击【保存】即完成保存操作。

保存工作簿

（三）打开工作簿

通常有以下两种方法打开工作簿。

① 利用【文件】选项卡打开工作簿，具体操作步骤如下：单击【文件】/【打开】，在"打开"对话框中选择要打开的工作簿，单击【打开】即可。

② 利用【快速访问工具栏】打开工作簿，具体操作步骤如下。

➤ 单击【快速访问工具栏】旁边的【自定义快速访问工具栏】按钮 ，在打开的下拉菜单中单击【打开】，则在【快速访问工具栏】中显示 。然后单击【快速访问工具栏】中的【打开】按钮 ，打开【打开】对话框。

➤ 在【打开】对话框中选择所要打开的工作簿，单击【打开】即可。

（四）关闭工作簿

通常有以下四种方法关闭工作簿。

① 单击 Excel 窗口右上角的【关闭】。

② 双击【快速访问工具栏】旁边的控制图标 。

③ 单击【快速访问工具栏】旁边的控制图标 ，打开下拉菜单。在下拉菜单中选择【关闭】。

④ 按 "Alt+F4" 组合键。

（五）保护工作簿

Excel 2010 提供了多种方式保护工作簿，主要包括以下几个方面。

① 设置工作簿的打开权限密码的具体操作步骤如下：

➤ 单击【文件】/【另存为】，打开【另存为】对话框；

➤ 在【另存为】对话框中单击【工具】/【常规选项】，打开【常规选项】对话框

➤ 在【常规选项】对话框的【打开权限密码】框中输入所要设置的打开权限密码，单击【确定】按钮。

② 设置工作簿的修改权限密码的具体操作步骤如下：

➤ 单击【文件】/【另存为】，打开【另存为】对话框；

➤ 在【另存为】对话框中单击【工具】/【常规选项】，打开【常规选项】对话框；

➤ 在【常规选项】对话框的【修改权限密码】框中输入所要设置的修改权限密码，单击【确定】按钮。

四、工作表的基本操作

（一）新建工作表

通常有以下三种方法新建工作表。

① 利用"插入工作表按钮" 新建工作表。

② 利用工作表标签的快捷菜单新建工作表。单击快捷菜单中的【插入】，打开【插入】对话框。在【插入】对话框的【常用】选项卡中选择【工作表】，然后单击【确定】，即可在单击的工作表左边插入一个空白的工作表。

③ 使用【开始】选项卡新建工作表。单击【开始】/【单元格】组的【插入】旁边的箭头 ，

在打开的下拉菜单中单击【插入工作表】，即可在当前工作表的左边插入一个空白的工作表。

（二）删除工作表

通常有以下两种方法删除工作表。

① 用鼠标右键单击工作表标签，单击【删除】。

② 使用【开始】选项卡删除工作表。单击菜单中的【开始】/【单元格】/【删除】/【删除工作表】。

（三）工作表重命名

通常有以下方法改变工作表的名称。

① 利用工作表标签的快捷菜单改变工作表的名称。用鼠标右键单击工作表标签，单击【重命名】，在工作表标签处输入新的工作表名称，按 Enter 键即可。

② 在工作表标签上双击鼠标，则工作表标签名进入编辑状态。在工作表标签处输入新的工作表名称，按 Enter 键即可。

（四）移动或复制工作表

通常有以下两种方法移动或复制工作表。

① 利用工作表标签的快捷菜单移动或复制工作表。

➢ 打开工作簿，用鼠标右键单击工作表标签，弹出快捷菜单，单击【移动或复制】，打开"移动或复制工作表"对话框。

➢ 在"工作簿"框中单击要移动或复制工作表到的目标工作簿。

➢ 在"下列选定工作表之前"框中单击要移动或复制工作表到的位置。如果复制工作表，则还要单击选择"建立副本"。

工作表的移动

➢ 单击【确定】按钮。

② 使用鼠标直接拖动工作表标签来移动工作表在当前工作簿中的位置。如果拖动工作表标签的同时按住 Ctrl 键，则在当前工作簿复制该工作表。

工作表的复制

（五）工作表窗口的视图操作

① 隐藏/显示窗口。单击【视图】/【窗口】/【隐藏】，即可隐藏当前窗口。单击【视图】/【窗口】/【取消隐藏】，打开【取消隐藏】对话框。在【取消隐藏】对话框中的"取消隐藏工作簿"框中选择要取消隐藏窗口的工作簿，然后单击【确定】即可取消隐藏窗口。

② 冻结窗口。单击【视图】/【窗口】/【冻结窗格】/【冻结拆分窗格】即可冻结窗口。此时滚动滚动条，在该单元格的上方和左侧的单元格被锁定，不随着滚动条的滚动而滚动。

③ 拆分窗口。单击选中一个单元格，单击【视图】/【窗口】/【拆分】，则在该单元格的左上角处拆分工作表窗口为四个一模一样的窗口。对这四个窗口中的任意一个窗口进行编辑，都是对该工作表进行编辑。在窗口拆分的状态下，想要取消拆分窗口，单击【视图】/【窗口】/【拆分】即可。在【视图】选项卡的【显示比例】组，还有【缩放到选定区域】和【100%】按钮。单击【缩放到选定区域】，则窗口的大小为恰好显示选中的区域的大小。单击【100%】，则窗口的大小为正常大小的显示。

五、单元格的基本操作

（一）单元格区域的选定

① 选择一个单元格。单击一个单元格即可以选择该单元格，或者在名称框输入一个单元格地址后按 Enter 键，也可以选择该单元格。

② 选择整个工作表。用鼠标单击【全选】按钮可以选定整个工作表。

③ 选择行或列。单击工作表的行（或列）标题，可以选择该行（或列）。按下鼠标左键的同时移动鼠标选中多个连续的行（或列）标题，可以选择多行（或列）。

④ 选择多个相邻的单元格。单击要选择的单元格区域中的第一个单元格，然后拖至最后一个单元格，则选择了该单元格区域。

⑤ 选定不相邻的单元格。通常有以下两种方法选定多个不相邻的单元格：

➢ 选择第一个单元格或单元格区域，然后按住 Ctrl 键的同时选择其他单元格或单元格区域。

➢ 在名称框中输入多个单元格或单元格区域的名称，之间用英文状态的逗号间隔，然后按 Enter 键，可以同时选定这多个单元格或单元格区域。如在名称框中输入：A1:C2,A4:A9,C4,C6:D8，按 Enter 键后同时选择了图 3-2 所示的单元格区域 A1:C2、A4:A9、C6:D8 和单元格 C4。

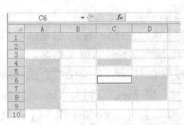

图 3-2　选定不相邻的单元格

（二）单元格数据的输入和编辑

在 Excel 2010 中，输入和编辑数据必须先选择单元格，然后在该单元格中或者数据编辑区中输入、编辑数据。

① 取消、确认、修改、删除单元格内容。在输入、编辑数据的过程中，名称框和数据编辑区之间的区域显示 ✕ ✓ ƒx。单击【取消】按钮✕或者按键盘上 Esc 键，可以取消刚才输入、编辑的数据；单击【输入】按钮✓或者按 Enter 键或者用鼠标单击其他任意一个单元格，都可以确认刚才输入、编辑的数据。

修改数据的时候，先选择单元格，然后双击该单元格或单击编辑栏，则单元格内容进入编辑状态，编辑修改之后确认即可。

删除单元格内容的时候，先选择单元格或者单元格区域，然后按 Delete 键即可。

② 输入文本。文本数据包括文字、字母、数字、字符、特殊符号等，如表格中的标题。默认情况下，文本数据默认的对齐方式是单元格内靠左对齐。需要注意如下问题。

➢ 输入的内容同时包含数字和文字（或字母、字符）时，如"78 台"，默认是文本数据。

➢ 文本数据在公式中出现，必须用英文的双引号括起来。

➢ 如电话号码、邮政编码、职工号、学号等无需计算的数字字符串，Excel 2010 认为是文本数据。输入时，必须先输入一个英文的单引号"'"，再输入数字字符串。如果直接输入数字字符串，Excel 2010 会按数值数据处理。

➢ 单元格中文本数据的长度超过单元格宽度时，如果右边相邻的单元格中没有内容，则超出部分延伸到右邻的单元格中显示；如果右边相邻的单元格中有内容，则超出部分隐藏，需要增加该单元格的列宽才能够显示全部文本数据。

③ 输入数值。数值数据由数字 0～9、正号、负号、小数点、顿号"、"、分数号"/"、百分号"%"、指数符号"E"或"e"、千位分隔符","、货币符号等组成。默认情况下，数值数据默认的对齐方式是单元格内靠右对齐。需要注意如下问题。

➢ 输入分数的时候，必须先输入一个零和一个空格，再输入分数。

➢ 输入负数有两种方法：直接输入负号和数字，如直接输入-8，按 Enter 键确认后，在单元格内显示-8；输入括号括起来的数字，如输入（8），按 Enter 键确认后，在单元格内显示-8。

➢ 输入百分数时，先输入数字，再输入百分号即可。

➢ 输入数值的长度超过单元格宽度时，会出现两种结果：数值数据自动转换成科学记数法来显示；显示为"######"，此时增加该单元格的列宽即可显示数值的全部内容。

④ 输入日期和时间。在 Excel 2010 中，默认情况下输入日期和时间的对齐方式是单元格内靠右对齐。

⑤ 自动填充。Excel 2010 提供了强大的自动填充数据的功能，实现在相邻的单元格中快速地自动添加有一定规律的一些数据。填充数据序列通常有以下两种方法自动填充数据：拖动填充柄自动填充数据；使用填充命令自动填充数据。在一个单元格中输入数据，确认后，用鼠标选择要填充数据序列的单元格区域（包括刚刚输入数据的单元格），单击【开始】/【编辑】/【填充】，然后在打开的下拉菜单中选择所要的填充方式。

⑥ 查找和替换。Excel 2010 中的"查找和替换"功能与 Word 2010 中的类似。单击【开始】/【编辑】/【查找和选择】/【查找】，替换的具体操作步骤如下：单击【开始】/【编辑】/【查找和选择】/【替换】。

⑦ 设置数据的有效性。通过设置数据的有效性可以控制单元格接受数据的类型、范围和格式等，防止输入无效数据。选择需要设置数据有效性的单元格区域，单击【数据】/【数据工具】/【数据有效性】/【数据有效性】，打开【数据有效性】对话框。在"设置"选项卡的"有效性条件"框中输入有效性条件。如果设置选择单元格时自动显示信息，则在"数据有效性"对话框"输入信息"选项卡的"输入信息"框中输入要显示的信息。最后单击【确定】即可。

（三）单元格和行、列的编辑

① 插入单元格、行或列。单击【开始】/【单元格】/【插入】旁边的箭头▾，在打开的下拉菜单中单击【插入单元格】，打开【插入】对话框，如图 3-3 所示。在【插入】对话框中单击选择【活动单元格右移】或者【活动单元格下移】，然后单击【确定】即可。

插入行（或列）的具体操作步骤为：选择单元格或单元格区域，单击【开始】/【单元格】/【插入】旁边的箭头▾，在打开的下拉菜单中单击【插入工作表行】（或者【插入工作表列】），则在选定单元格的上方（或者左侧）插入所选单元格或单元格区域的行数（或者列数）。

② 删除单元格、行或列。删除单元格的具体操作步骤为：选择要删除的单元格或单元格区域，单击【开始】/【单元格】/【删除】旁边的箭头▾，在打开的下拉菜单中单击【删除单元格】，打开"删除"对话框如图 3-4 所示。单击选择【右侧单元格左移】或者【下方单元格上移】，然后单击【确定】即可。

删除行（或列）的具体操作步骤为：选择要删除的行（或列），单击【开始】/【单元格】/【删除】旁边的箭头▾，在打开的下拉菜单中单击【删除工作表行】（或者【删除工作表列】）即可。

图 3-3 【插入】对话框   图 3-4 【删除】对话框

③ 调整单元格的行高、列宽。

使用鼠标拖动只能粗略调整行高、列宽，但是效果直观。移动鼠标指针放在两个行标号（或者列标号）之间的分隔线上，鼠标指针变成带有双向箭头的十字形状时，按住鼠标左键拖动直至合适的高度（或者宽度），松开鼠标即可。

使用【行高】（或者【列宽】）命令可以精确的设置"行高"（或者"列宽"）。选择单元格或单元格区域，单击【开始】/【单元格】/【格式】/【行高】（或者【列宽】），打开"行高"对话框，在对话框中输入行高值（或者列宽值），单击【确定】即可。

④ 合并单元格和取消单元格

合并单元格的具体操作步骤为：选择要合并的多个相邻单元格，单击【开始】/【对齐方式】/【合并后居中】旁边的箭头▼，然后在打开的下拉菜单中单击【合并单元格】即可。

取消单元格合并的具体操作步骤为：选择合并得到的单元格，单击【开始】/【对齐方式】/【合并后居中】旁边的箭头▼，然后在打开的下拉菜单中单击【取消单元格合并】即可。

（四）设置单元格的格式

① 设置数据格式可以更改数字的外观而不会更改数字本身。数字格式并不影响 Excel 用于执行计算的实际单元格值，实际值显示在编辑栏中。设置数据格式的常用方法如下。

使用【设置单元格格式】对话框【数字】选项卡设置数据格式。选择要设置数据格式的单元格或单元格区域，单击【开始】/【数字】组的对话框启动器 ，打开【设置单元格格式】对话框的【数字】选项卡，如图 3-5 所示。在【分类】框中选择数据类型，则在对话框中右侧显示该数据类型的相应选项。

图 3-5 【设置单元格格式】对话框的【数字】选项卡

【分类】框中有如下 12 种数据类型。

➤ 常规：键入数字时 Excel 所应用的默认数字格式。多数情况下，采用"常规"格式的数字以键入的方式显示。然而，如果单元格的宽度不够显示整个数字，则"常规"格式会用小数点对数字进行四舍五入。"常规"数字格式还对较大的数字（12 位或更多位）使用科学计数（指数）表示法。

➤ 数值：可以设置小数位数、选择是否使用千位分隔符，以及负数的显示格式。

➤ 货币：可以设置小数位数、货币符号以及负数的显示格式。

➤ 会计专用：可以设置小数位数和货币符号，与货币类型的区别在于会在一列中对齐货币符号和数字的小数点。

➤ 日期：可以设置日期格式。其中以星号*开头的日期格式受在"控制面板"中指定的区域日期和时间设置的更改的影响。不带星号的格式不受"控制面板"设置的影响。

➤ 时间：可以设置时间格式。其中以星号*开头的时间格式受在"控制面板"中指定的区域日期和时间设置的更改的影响。不带星号的格式不受"控制面板"设置的影响。

➤ 百分比：可以设置小数位数、添加百分号。

➤ 分数：可以设置分数的格式。

➤ 科学计数：以指数表示法显示数字，用 E+n 替代数字的一部分，其中用 10 的 n 次幂乘以 E（代表指数）前面的数字。例如，2 位小数的"科学计数"格式将 12345678901 显示为 1.23E+10，即用 1.23 乘以 10 的 10 次幂。还可以设置小数位数。

➤ 文本：主要设置由数字符号组成的文本数据为文本数据类型。

➤ 特殊：包括 3 种附加的数字格式，即邮政编码、中文小写数字和中文大写数字。

➤ 自定义：如果以上的数据格式还不能够满足需要，可以自定义数字格式。

② 设置字体通常有以下两种方法。

➤ 使用【设置单元格格式】对话框【字体】选项卡设置字体。选择要设置字体格式的单元格或单元格区域，单击【开始】/【字体】组的对话框启动器，打开【设置单元格格式】对话框的【字体】选项卡，进行字体、字形、下划线、颜色、特殊效果的设置即可。

➤ 使用【开始】/【字体】组中的按钮设置字体。选择要设置字体格式的单元格或单元格区域，单击【开始】/【字体】组中所要的格式按钮，即可设置字体、字号、加粗、倾斜、下划线、增大字号、减小字号、字体颜色等字体格式。

③ 设置对齐方式通常有以下方法。

使用【设置单元格格式】对话框的【对齐】选项卡设置对齐方式。具体操作步骤如下：选择要设置对齐方式的单元格或单元格区域，单击【开始】/【对齐方式】组的对话框启动器，打开【设置单元格格式】对话框的【对齐】选项卡，进行文本对齐方式、文本控制、文字方向的设置即可。

④ 设置边框可以使表格更加美观易读。默认情况下，Excel 工作表中的网格线只用于显示，不被打印。使用【设置单元格格式】对话框【边框】选项卡设置边框。选择要设置边框的单元格或单元格区域，单击【开始】/【字体】（或【对齐方式】或【数字】）组的对话框启动器，打开【设置单元格格式】对话框。然后单击对话框的【边框】选项卡，进行线条样式、边框选择、颜色的设置即可。

六、图片、艺术字、批注和超链接

（一）图片的插入

插入图片的具体操作步骤如下。

① 单击工作表中要插入图片的位置，然后单击【插入】/【插图】/【图片】，打开【插入图片】对话框。

图片的插入

② 在【插入图片】对话框中找到要插入的图片，双击该图片即可。如果要添加多张图片，可按住 Ctrl 键的同时单击要插入的图片来选定多张图片，然后单击【插入】即可。

（二）艺术字的插入

① 插入艺术字的具体操作步骤如下。

单击【插入】/【文本】/【艺术字】，然后在打开的下拉菜单中单击所要的艺术字样式，打开【请在此放置您的文字】对话框。

② 在"请在此放置您的文字"对话框中输入所要的艺术字文字即可。

（三）批注的插入和删除

① 插入批注可以为单元格输入不在正文区域显示的注释文字，具体操作步骤如下。

➢ 选择要插入批注的单元格，单击【审阅】/【批注】/【新建批注】，则在该单元格的右上角出现一个红色的小三角，同时打开编辑批注的对话框。

➢ 单击该对话框，在该对话框中输入所需要的文字即可。

② 删除批注通常有以下两种方法。

➢ 选择一个添加了批注的单元格，单击【审阅】/【批注】/【删除】，则删除了该单元格的批注。

➢ 选择一个添加了批注的单元格，用鼠标右键单击该单元格，在弹出的快捷菜单中单击【删除批注】即可。

七、SmartArt 图形、文本框

（一）SmartArt 图形的插入

插入 SmartArt 图形的具体操作步骤如下。

① 单击【插入】/【插图】/【SmartArt】，弹出【选择 SmartArt 图形】对话框。

② 在【选择 SmartArt 图形】对话框中单击所需要的 SmartArt 图形类型，再单击所需要的该类型布局。

③ 单击 SmartArt 图形中的"【文本】"或者"在此处键入文字"窗格中的"【文本】"，输入文本即可。

（二）文本框的插入

文本框是一种可移动、可调大小的文字或图形容器。文本框可以在工作表中的任意位置，包括靠近图片、SmartArt 图形或在图片、图形的任意位置添加文本。使用文本框，可以在一页上放置数个文字块，或使文字按与文档中其他文字不同的方向排列。插入文本框的具体操作步骤如下。

① 单击【插入】/【文本】/【文本框】旁边的箭头▼，在打开的下拉菜单中单击【横排文本框】或【垂直文本框】。

② 移动鼠标指针放置于插入位置，按下鼠标左键拖动出文本框的大小。松开鼠标得到空白的文本框。

③ 在空白的文本框中输入所要的文本内容。

（三）条件格式与自动套用格式

① 条件格式是指当制定的条件为真时，自动应用于单元格所设置的格式。

使用内置的条件格式，包括使用突出显示规则、强调选取规则、使用数据条、颜色刻度和图标集等方式来显示符合条件规则的单元格内容。

突出显示单元格规则是通过使用大于、小于、等于、包含等比较运算符限定数据范围，对属于该数据范围内的单元格设定格式。具体操作步骤为：选择单元格区域，单击【开始】/【样式】/【条件格式】/【突出显示单元格规则】，打开【突出显示单元格规则】的级联子菜单，如图 3-6 所示。在【突出显示单元格规则】的级联子菜单中单击所要的条件规则，打开相应的对话框进行设置即可。

② 套用表格格式的具体操作步骤为：选择整个数据表，单击【开始】/【样式】/【套用表格格式】，单击所要的格式即可。

图 3-6 【突出显示单元格规则】的级联子菜单

八、页面设置和打印

（一）页面设置

工作表打印之前，需要先进行页面设置，使得输出结果更美观。页面设置包括设置页边距、纸张方向、纸张大小、打印区域、页眉页脚、打印标题等。可以单击【页面设置】组中的按钮，进行快速设置。也可以选择要打印的工作表为当前工作表，然后单击【页面布局】/【页面设置】组的对话框启动器 ，打开【页面设置】对话框进行设置即可。【页面设置】对话框的设置具体如下。

① 设置页边距。单击【页面设置】对话框的【页边距】选项卡，分别在"上"框、"下"框、"左"框、"右"框、"页眉"框和"页脚"框输入"上边距""下边距""左边距""右边距""页眉距边界的距离""页脚距边界的距离"的数值；在"居中方式"框中单击选择"水平"或者"垂直"。然后单击【确定】按钮。

② 设置页面。单击【页面设置】对话框的【页面】选项卡，在"纸张方向"框中单击选择"纵向"或者"横向"；在"缩放"框中输入"缩放比例"值或者"调整为多少页宽、多少页高"；在"纸张大小"框中选择打印纸的大小；在"起始页码"框中输入起始页码值。然后单击【确定】。

③ 设置页眉和页脚。在工作表的顶部或底部添加的页眉和页脚不会以普通视图显示在工作表中，而仅以页面视图显示在打印页面上。设置页眉和页脚的具体操作步骤为：单击【页面设置】对话框的【页眉/页脚】选项卡，单击【自定义页眉】，打开【页眉】对话框。在【页眉】对话框中单击"左"框（或"中"框、"右"框），然后分别单击框上方的按钮，对页眉的靠左（或中部、靠右）位置分别进行文本、页码、页数、日期和时间等设置，单击【确定】关闭【页眉】对话框。再单击【页眉/页脚】选项卡【自定义页脚】，打开【页脚】对话框，重复刚才设置页眉的操作来进行页脚的设置。然后单击【确定】关闭【页脚】对话框。最后单击【页面设置】对话框中的【确定】。

（二）打印预览和打印

Excel 提供了打印预览，使工作表在打印之前能够预览打印效果。通常在页面设置之后，先进行打印预览，再打印。具体操作步骤为：单击【文件】/【打印】，打开"打印"窗格，其中显示"打印预览"的缩图，即工作表的打印效果图。然后单击【文件】/【打印】，打开"打印"窗格。在"打印"窗格中单击【打印】即可。

九、公式与函数

（一）公式的输入和编辑

公式计算

默认情况下，公式的计算结果显示在单元格中，而公式本身显示在编辑栏中。

① 输入公式。单击选择一个单元格，在该单元格或者该单元格的编辑栏中输入等号"="，然后输入构成公式的表达式，按 Enter 键完成输入。输入公式时，可以用键盘输入单元格地址，也可以用鼠标单击该单元格得到。

② 编辑公式。双击公式所在的单元格，进入编辑状态。此时单元格和编辑栏中都显示公式本身，可以在单元格或者编辑栏中对公式进行编辑修改，然后按 Enter 键确认。

③ 删除公式。删除公式只需单击选定公式所在的单元格，按 Delete 键即可。

（二）单元格的引用

单元格的引用

在公式中很少输入常量，通常用到单元格的引用。引用的作用在于标识工作表中的单元格或单元格区域，并在公式中使用标识处的数据。可以在公式中引用同一个工作表中的一个单元格、一个单元格区域，也可以跨工作表或工作簿引用一个单元格、一个单元格区域。单元格的引用分为相对引用、绝对引用和混合引用。

① 相对引用。单元格的相对地址的形式为：A6、D8 等。当复制的公式中包含单元格的相对地址，则目标单元格中的公式不是原公式，新公式会使用相对引用。相对引用基于要复制的公式所在单元格和公式中各单元格之间的相对位置。

② 绝对引用。单元格的绝对地址的形式为：$A$6、$D$8 等，即在单元格相对地址的行号和列号前面分别加符号"$"。公式中单元格的绝对地址，复制到目标单元格的公式中保持不变。绝

对引用和单元格的位置无关。

③ 混合引用。单元格的混合地址的形式为：$A6 或者 A$6，即在单元格相对地址的行号前面加符号 "$" 或者列号前面加符号 "$"。混合引用时，只有相对引用的行号和列号发生变化，而绝对引用的行号和列号保持不变。

（三）使用函数

函数是预定义的公式，通过使用一些称为参数的特定数值来执行特定的计算。Excel 2010 提供了大量函数，满足各种计算的需要，如求和、求最大值、求最小值、计数等。

① 输入函数通常有以下几种方法。

➢ 直接在单元格中用键盘输入函数。

➢ 使用【插入函数】按钮 *fx* 输入函数。具体操作步骤为：选择要输入函数的单元格，单击编辑栏上的【插入函数】按钮 *fx* 或者单击【公式】/【函数库】/【插入函数】，打开【插入函数】对话框。在【插入函数】对话框中 "选择函数" 框中单击所要的函数，单击【确定】，打开【函数参数】对话框。然后在【函数参数】对话框中输入各参数，单击【确定】即可。

② 编辑函数的具体操作步骤为：双击函数所在的单元格，进入编辑状态。此时单元格和编辑栏中都显示函数本身，可以在单元格或编辑栏中对函数进行编辑修改，然后按 Enter 键确认。

（四）Excel 中常用函数

① 求和函数 SUM (number1,[number2],...)

功能：返回参数的和。

参数说明：至少需要包含一个参数 number1。

例如 "=SUM(A1:A3)"，将单元格区域 A1 : A3 中的所有数字相加求和。

② 平均值函数 AVERAGE(number1, [number2], ...)

功能：返回参数的平均值（算术平均值）。

参数说明：至少需要包含一个参数 number1。

例如 "=AVERAGE(A6:A10)"， 将返回单元格区域 A6:A10 中所有数字的平均值。

③ 最大值函数 MAX(number1, [number2], ...)

功能：返回一组值中的最大值。

参数说明：至少需要包含一个参数 number1。

例如，"=MAX (6，10，12，25，8，20)"， 将返回参数中值最大的数值 25。

④ 最小值函数 MIN(number1, [number2], ...)

功能：返回一组值中的最小值。

参数说明：至少需要包含一个参数 number1。

例如，"=MIN (6，10，12，25，8，20)"，将返回参数中值最小的数值 6。

⑤ 四舍五入函数 ROUND (number, num_digits)

功能：将参数 number 四舍五入为指定的位数。

当 num_digits>=0 时，对参数 number 四舍五入保留 num_digits 位小数。

当 num_digits<0 时，对参数 number 的整数部分从右往左第 num_digits 位数四舍五入。

参数说明：需要包含两个参数 number 和 num_digits。

例如，"=ROUND(1364.5862, 3)" 的返回值为 1364.586；"=ROUND(1364.5862, −2)" 的返回值为 1400。

⑥　计数函数 COUNT (value1, [value2], ...)

功能：计算包含数字的单元格以及参数列表中数字的个数。

参数说明：至少需要包含一个参数 value1。

IF 函数

例如，"=COUNT (A3:A10,5,"bee",9)"，参数"5"和"9"是数字，如果单元格区域 A3:A10 中有 3 个单元格的内容是数字，则该函数的结果为 5。

⑦　条件函数 IF(logical_test, [value_if_true], [value_if_false])

功能：如果参数 logical_test 指定条件的计算结果为 TRUE，IF 函数将返回[value_if_true]参数值；如果参数 logical_test 指定条件的计算结果为 FALSE，则返回[value_if_false]参数值。

参数说明：logical_test 参数是必要的，可以使用任何比较运算符。

例如，"=IF(A1>15,"大于 15","不大于 15")"，如果 A1 单元格中数值大于 15，该函数返回"大于 15"；如果 A1 单元格中数值小于等于 15，则返回"不大于 15"。

⑧　逻辑函数 AND(logical1, [logical2], ...)

功能：如果所有参数的计算结果为 TRUE 时，返回 TRUE；只要有一个参数的计算结果为 FALSE，则返回 FALSE。

参数说明：至少需要包含一个参数 logical1。

例如，"=AND(2+2=4,2+8>7)"的返回值为 TRUE。

⑨　排位函数 RANK(number,ref,[order])

功能：返回参数 number 在数字列表 ref 中的排位。

参数说明：参数 Number 和参数 ref 是必要的，参数 Order 可以省略。如果参数 order 为零或省略，RANK 函数对数字的排位是基于参数 ref 为降序排列的列表。如果 order 不为零，RANK 函数对数字的排位是基于 ref 升序排列的列表。

例如，"=RANK (7,"3,8,12,4,5,7,9")"返回参数"7"在数字序列"3,8,12,4,5,7,9"的排位值为 4。

⑩　众数函数 MODE(number1,[number2],...])

功能：返回在某一数组或数据区域中出现频率最高的数值。众数即出现频率最高的数。

参数说明：至少需要包含一个参数 number1。

例如，"= MODE(5，6，7，8，6，9，6，5，3，2)"返回参数中出现频率最多的参数值为 6。

⑪　条件计数函数 COUNTIF(range,criteria)

功能：计算参数 range 区域中符合参数 criteria 指定的条件的单元格数目。

参数说明：参数 range 和参数 criteria 是必要的。

例如，"=COUNTIF(A2:A9,"英语")"返回值为单元格区域 A2：A9 中单元格内容为"英语"的单元格个数。

⑫　条件求和函数 SUMIF(range,criteria,[sum_range])

功能：对参数 range 区域中符合参数 criteria 指定的条件的值求和。

SUMIF 函数

参数说明：参数 range 和参数 criteria 是必要的。参数 sum_range 可选。如果参数 sum_range 被省略，SUMIF 函数会对在参数 range 中符合参数 criteria 条件的单元格求和。如果参数 sum_range 没有省略，则要求和的单元格在参数 sum_range 区域。

例如，"=SUMIF(A2:A9,">1000")"将单元格区域 A2:A9 中单元格数值大于 1000 的数值进行求和。

⑬　条件求平均值函数 AVERAGEIF(range,criteria,[average_range])

功能：对参数 range 区域中符合参数 criteria 指定的条件的值求和。

参数说明：参数 range 和参数 criteria 是必要的。参数 average_range 可选。如果参数 average_range 被省略，AVERAGEIF 函数会对在参数 range 中符合参数 criteria 条件的单元格求平均值。如果参数 average_range 没有省略，则要求平均值的单元格在参数 average_range 区域。

例如，"=AVERAGEIF(A2:A9,">1000")" 将单元格区域 A2:A9 中单元格数值大于 1000 的数值进行求平均值。

⑭ 当前日期和时间函数 NOW()

功能：返回当前日期和时间。当需要在工作表上显示当前日期和时间或者需要根据当前日期和时间计算一个值并在每次打开工作表时更新该值时，使用 NOW 函数很有用。

参数说明：没有参数。

⑮ 日期函数 DATE(year,month,day)

功能：返回参数指定的日期。例如 "=DATE(1998,2,6)" 返回的结果为 1998/2/6。

参数说明：参数 year、参数 month 和参数 day 是必要的。其中建议对 year 参数使用四位数字。例如，使用 "28" 将返回 "1928" 作为年值。

十、数据管理

（一）排序

使用【升序】按钮$\frac{A}{Z}\downarrow$和【降序】按钮$\frac{Z}{A}\downarrow$快速简单排序。具体操作步骤如下：选择排序依据列中的一个单元格，然后单击【数据】/【排序和筛选】/【升序】按钮$\frac{A}{Z}\downarrow$（或者【降序】按钮$\frac{Z}{A}\downarrow$），即完成依据该列的升序排序（或者降序排序）。

排序

➢ 排序依据列是文本型数据，则按照字母顺序从 A～Z 升序，从 Z～A 降序。
➢ 排序依据列是数值数据，则按照数值从小到大升序，从大到小降序。
➢ 排序依据列是日期和时间，则按照从早到晚的顺序升序，从晚到早的顺序降序。

（二）筛选

① 自动筛选。使用自动筛选来筛选数据，可以快速而又方便地查找和使用数据表的子集，具体操作步骤如下。

筛选

➢ 选择数据记录单中的一个单元格，或者选择数据记录单中要被筛选的所有数据。
➢ 单击【数据】/【排序和筛选】/【筛选】，则在每个列标题的右侧出现一个筛选箭头▾，数据记录单进入自动筛选状态。
➢ 单击要筛选列项的筛选箭头，打开该项的下拉菜单进行设置。
➢ 设置筛选条件后，单击【确定】即可完成该条件的自动筛选。进行了自动筛选的列项，其筛选箭头变化为 ▾。
➢ 如果还有要同时满足的筛选条件，则重复以上的操作，继续下一个条件的自动筛选即可。

② 高级筛选。通常高级筛选用于多列项条件的筛选。使用高级筛选必须先构建一个筛选条件区域。

构建高级筛选条件区域可以在数据记录单的下方设置条件区域，也可以在数据记录单的上方插入空白行作为条件区域。通常"与"关系的条件区域需要两行，而"或"关系的条件区域需要至少三行。

在条件区域的第一行输入所有筛选条件的列标题，并且输入的列标题与原列标题在同一列。如果高级筛选条件为多个"并且"关系的条件，则在条件区域的第二行和对应的条件列标题所在列交汇的单元格分别输入所有的条件值。如果高级筛选条件为"或"关系的条件，则在对应的条件列标题所在列中不同行的单元格中分别输入所有的条件值。

构建高级筛选的条件区域后，使用高级筛选的具体操作步骤如下。

➢ 选择数据记录单中的一个单元格，或者选择数据记录单要被筛选的所有数据。
➢ 单击【数据】/【排序和筛选】/【高级】，打开【高级筛选】对话框，进行设置即可。

（三）分类汇总

① 分类汇总的具体操作步骤如下。

➢ 选择数据记录单中的一个单元格，或者选择数据记录单的所有数据。
➢ 单击【数据】/【排序和筛选】/【排序】，打开【排序】对话框。在【排序】对话框中的"主要关键字"框选择分类字段，单击【确定】。
➢ 单击【数据】/【分级显示】/【分类汇总】，打开【分类汇总】对话框，分别对"分类字段""汇总方式""选定汇总项"等进行设置。然后单击【确定】即可。

② 删除分类汇总的具体操作步骤如下。

➢ 选择数据记录单中的一个单元格，或者选择数据记录单的所有数据。
➢ 单击【数据】/【分级显示】/【分类汇总】，打开【分类汇总】对话框。
➢ 单击【全部删除】。

③ 分级显示数据。分类汇总的结果可以分级显示，使用分级显示可以快速显示摘要行或者每组的明细数据。在分类汇总结果左侧显示分级显示符号：1 2 3 表示分级的级数和级别，数字越大级别越小，单击某一级别编号，处于较低级别的明细数据将变为隐藏状态；+ 表示可展开下级明细，单击将显示该组的明细数据；- 表示可折叠下级明细，单击将隐藏该组的明细数据。

（四）合并计算

合并计算的具体操作步骤如下。

➢ 打开要进行合并计算的工作簿。
➢ 单击放置合并数据的工作表，选择要放置合并后数据的单元格区域。
➢ 单击【数据】/【数据工具】/【合并计算】，打开【合并计算】对话框。在【合并计算】对话框中的"函数"框中选择数据合并的计算函数，然后单击【引用位置】去选择工作表中源数据区域，再单击【添加】使源数据区域都显示在"所有引用位置"框中。如果源数据发生变化，要引起合并数据随之变化，则单击选择【创建指向源数据的链接】。

十一、图表

（一）图表的类型和基本组成元素

① 图表的类型。Excel 提供了标准图表类型，每一种图表类型又包括多个

图表

子类型，可以根据需要选择不同的图表类型表现数据。常用的图表类型有：柱形图、折线图、饼图、条形图、面积图、XY 散点图、股价图、曲面图、圆环图、气泡图、雷达图等。

②　图表的基本组成元素。图表中包含许多元素，不同的图表类型包含的元素不同。根据需要，可以对图表的元素进行添加或者删除。图表的基本组成元素如下。

> 图表标题：描述图表的名称，默认在图表顶部居中位置。
> 图表区：包含整个图表及其全部元素。
> 绘图区：通过坐标轴界定的区域，包括所有数据系列、分类名、坐标轴标题等。
> 图例：标识图表中数据系列或分类的图案或颜色的方框。
> 数据系列：一个数据系列对应工作表中选定区域的一行或者一列数据。
> 数据标签：标识数据系列中数据点的详细信息。
> 坐标轴：坐标轴是界定图表绘图区的线条。X 轴通常为水平轴并包含分类，Y 轴通常为垂直坐标轴并包含数据。
> 坐标轴标题：对坐标轴的描述文字。
> 网格线：从坐标轴刻度线延伸出来并贯穿整个"绘图区"的线条系列，可有可无。
> 背景墙与基底：三维图表中包含在三维图形周围的区域，用于显示图表的维度和边界。

（二）创建图表

①　在工作表中选择要创建图表的数据区域。

②　单击【插入】/【图表】组的图表类型，打开该图表类型的下拉菜单，单击所需要的图表子类型即可。

（三）编辑美化图表

对图表进行编辑和美化，可以使图表显示的信息更加直接、美观。

①　修改图表类型的具体操作步骤如下。

> 单击选择图表，则在功能区显示【图表工具】选项卡。
> 单击【图表工具-设计】/【类型】/【更改图表类型】，打开【更改图表类型】对话框，双击所需要的图表子类型即可。

②　修改图表源数据的具体操作步骤如下。

> 单击选择图表，则在功能区显示【图表工具】选项卡。
> 单击【图表工具-设计】/【数据】/【选择数据】，打开【选择数据源】的对话框。单击"图表数据区域"框，用鼠标去工作表中选择数据源区域，则在"图表数据区域"框中显示所选择的数据源区域。如果有多个数据源区域，则输入英文的逗号，再用鼠标去工作表中选择数据源区域。
> 单击【确定】。

③　删除图表中的数据。创建图表后，工作表中的数据发生变化则图表中的数据也随之变化。如果要同时删除工作表的数据和图表中数据，只需在工作表中删除数据即可。如果只是删除图表中的数据，在图表上单击所要删除的图表数据系列，按 Delete 键即可。

④　切换行/列。创建图表后，可以对图表的水平分类轴和垂直轴数据系列进行切换。

> 单击选择图表，则在功能区显示【图表工具】选项卡。
> 单击【图表工具-设计】/【数据】/【切换行/列】即可。

⑤　添加或删除图表标题。

➤ 单击选择图表，则在功能区显示【图表工具】选项卡。

➤ 如果要删除图表标题，则单击【图表工具-布局】/【标签】/【图表标题】/【无】，即可删除图表标题。

➤ 如果要添加图表标题，则单击【图表工具-布局】/【标签】/【图表标题】/【居中覆盖标题】或【图表上方】，则图表中出现默认的图表标题。单击图表标题，输入所需要的标题内容即可。

⑥ 添加或删除坐标轴标题。

➤ 单击选择图表，则在功能区显示【图表工具】选项卡。

➤ 单击【图表工具-布局】/【标签】/【坐标轴标题】/【主要横坐标轴标题】，然后在弹出的级联菜单中单击所要的设置即可。选择【无】，则删除横坐标轴标题。选择【无】以外的其他选项，则在图表中显示选项相应的横坐标轴标题。单击横坐标轴标题，输入所要的内容即可。

➤ 单击【图表工具-布局】/【标签】/【坐标轴标题】/【主要纵坐标轴标题】，然后在弹出的级联菜单中单击所要的设置即可。选择【无】，则删除纵坐标轴标题；选择【无】以外的其他选项，则在图表中显示选项相应的纵坐标轴标题。单击纵坐标轴标题，输入所要的内容即可。

⑦ 添加或删除图例。

➤ 单击选择图表，则在功能区显示【图表工具】选项卡。

➤ 单击【图表工具-布局】/【标签】/【图例】，打开"图例"下拉菜单，选择【无】则删除图例；选择其他选项，则在选项相应的位置显示图例。

⑧ 添加或删除数据标签。

➤ 单击选择图表，则在功能区显示【图表工具】选项卡。

➤ 单击【图表工具-布局】/【标签】/【数据标签】，打开【数据标签】的下拉菜单，选择【无】则删除数据标签；选择其他选项，则在选项相应的位置显示数据标签。

（四）创建迷你图

① 创建迷你图的具体步骤。

➤ 单击【插入】/【迷你图】组的迷你图类型【折线图】或【柱形图】或【盈亏】，打开【创建迷你图】对话框。

➤ 单击对话框的"数据范围"框，用鼠标指针去选择要创建迷你图的一行或者一列数据（可以包括也可以不包括列标题或者行标题）。

➤ 单击对话框的"位置范围"框，用鼠标去单击选择放置迷你图的单元格。

➤ 单击【确定】，即可得到迷你图。

迷你图以背景方式插入单元格，所以可以直接在单元格中输入文本，并设置文本格式、为单元格填充背景颜色。

② 填充迷你图。创建了一行（或者一列）数据的迷你图后，可以拖动该迷你图所在单元格的填充柄，为相邻行（或者列）数据创建相同类型的迷你图。拖动填充柄创建的一组迷你图将默认为一个图组。取消迷你图组合的具体操作步骤为选择迷你图组所在的单元格区域，单击【迷你图工具-设计】/【分组】/【取消组合】即可。

（五）编辑美化迷你图

① 修改迷你图的类型。

➤ 单击选择迷你图，则在功能区显示【迷你图工具-设计】选项卡。

➤ 单击【迷你图工具-设计】/【类型】组的迷你图类型【折线图】或【柱形图】或【盈亏】即可。

② 突出显示数据点。

➤ 单击选择迷你图，则在功能区显示【迷你图工具-设计】选项卡。

➤ 单击【迷你图工具-设计】/【显示】组的选项进行设置即可。

- "标记"复选框，标记所有数据点。
- "高点"复选框，标记最大值的数据点。
- "低点"复选框，标记最小值的数据点。
- "首点"复选框，标记第一个值的数据点。
- "尾点"复选框，标记最后一个值的数据点。
- "负点"复选框，标记负值的数据点。
- 清除所有的复选框，则不标记数据点。

③ 设置迷你图的样式。

➤ 单击选择迷你图，则在功能区显示【迷你图工具-设计】选项卡。

➤ 单击【迷你图工具-设计】/【样式】组中所要的样式即可。

④ 设置迷你图和数据点的颜色。

清除设置迷你图的颜色的具体操作步骤如下。

➤ 单击选择迷你图，则在功能区显示【迷你图工具-设计】选项卡。

➤ 单击【迷你图工具-设计】/【样式】/【迷你图颜色】，在打开的下拉菜单中单击所要的颜色即可。

清除设置数据点的颜色的具体操作步骤如下。

➤ 单击选择迷你图，则在功能区显示【迷你图工具-设计】选项卡。

➤ 单击【迷你图工具-设计】/【样式】/【标记颜色】，在打开的下拉菜单中单击所要的颜色即可。

⑤ 更改隐藏值和空值在迷你图的显示方式。

➤ 单击选择迷你图，则在功能区显示【迷你图工具-设计】选项卡。

➤ 单击【迷你图工具-设计】/【迷你图】/【编辑数据】，在打开的下拉菜单中单击【隐藏和清空单元格】，打开【隐藏和空单元格设置】对话框。

➤ 单击选择所要的选项，再单击【确定】即可。

（六）删除迷你图

① 单击选择迷你图，则在功能区显示【迷你图工具-设计】选项卡。

② 单击【迷你图工具-设计】/【分组】/【清除】旁边的箭头▼，在打开的下拉菜单中选择【清除所选的迷你图】即可。

十二、数据透视表

（一）创建数据透视表

① 选择工作表中要创建数据透视表的数据表。

数据透视表

② 单击【插入】/【表格】/【数据透视表】旁边的箭头▼，在打开的下拉菜单中选择【数据透视表】，打开【创建数据透视表】对话框，在【创建数据透视表】对话框中进行如下设置。

➤ 单击选择"选择放置数据透视表的位置"为"新工作表"，则数据透视表将放置在新插入的工作表。

➤ 单击选择"选择放置数据透视表的位置"为"现有工作表"，并单击【位置】框，用鼠标单击工作表中放置数据透视表的区域的第一个单元格，则数据透视表将放置在现有工作表的指定位置。

③ 单击【确定】，得到空的数据透视表。同时在工作表右侧显示"数据透视表字段列表"窗口。

④ 在"数据透视表字段列表"窗口中的【选择要添加到报表的字段】框中单击选择要创建数据透视表的字段，用鼠标指针拖动【列标签】、【行标签】、【数值】框中的字段到相应的列表框。

默认情况下，非数值字段会自动添加到【行标签】框，数值字段会自动添加到【数值】框，格式为日期和时间的字段会自动添加到【列标签】框。

默认情况下，数值的汇总方式为求和。如果所要的是其他的汇总方式，则单击【数值】框中所要的汇总值字段，打开下拉菜单。在下拉菜单中选择"值字段设置"，打开【值字段设置】对话框。在【值字段设置】对话框中的【计算类型】框中选择所要的值字段汇总方式，然后单击【数字格式】打开【设置单元格格式】对话框设置数字格式，单击【确定】关闭【设置单元格格式】对话框。再在【值字段设置】对话框中单击【确定】即可。

（二）美化数据透视表

数据透视表也是表格，可以在数据透视表中单击要设置格式的单元格，使用【开始】/【字体】、【对齐方式】、【数字】、【样式】等组的按钮进行格式设置。或者选择整个数据透视表，单击【数据透视表工具-设计】/【数据透视表样式】组中的快速样式即可。

（三）删除数据透视表

单击选择数据透视表，再按 Delete 键即可。或者用以下方法选择数据透视表，再按 Delete 键：单击数据透视表中的任意一个单元格，则功能区显示【数据透视表工具】选项卡；单击【数据透视表工具-选项】/【操作】/【选择】/【整个数据透视表】即可选择数据透视表。

第三部分 经典例题及详解

【例 1】按试题要求完成表格编辑：

（1）在 G2 单元格内输入日期型数据“2015-1-30”；

（2）将“编号”应用自动序列填充，填入文本型数据“1”至“32”；

（3）页面设置：纸张 A4、纵向、左右页边距为 1.4，居中对齐方式为“水平”“垂直”；

（4）设置打印标题行：第 1 行至第 3 行；

（5）窗口冻结 4 行以上（不包含第 4 行）内容；

（6）将文件另存为“收支情况表.xlsx”。

【素材】素材.xlsx（见图 3-7）。

各地区城镇居民家庭收支基本情况表

					统计时间	
编号	地区	调查户数	平均每户家庭人口	平均每户就业人口	平均每人总收入	平均每人可支配收入
	北京市	5000	2.72	1.39	9460	8436
	天津市	1500	2.85	1.52	7725	6901
	河北省	2620	2.86	1.4	4866	4577
	山西省	1810	2.82	1.3	4903	4539
	内蒙古自治区	2350	2.82	1.49	5816	5492
	辽宁省	4300	2.65	1.3	5682	5145
	吉林省	1450	2.71	1.45	4722	4414
	黑龙江省	2250	2.64	1.27	4141	3807
	上海市	1000	2.91	1.59	11098	10028
	江苏省	5094	2.83	1.45	8431	7787
	浙江省	4450	2.69	1.39	10718	9974
	安徽省	2500	2.81	1.44	5343	4856
	福建省	2000	3.13	1.68	7764	7170
	江西省	1230	2.89	1.52	4743	4494
	山东省	3300	2.85	1.69	6215	5725
	河南省	2299	2.89	1.47	4972	4675
	湖北省	1900	2.9	1.47	5553	5131
	海南省	600	3.29	1.55	5573	5152
	湖南省	1250	2.91	1.33	5616	5348
	广东省	3150	3.21	1.71	8495	7695
	广西壮族自治区	1340	3.09	1.64	5655	5153
	重庆市	2050	2.87	1.44	6273	5905
	四川省	2500	2.89	1.51	5462	5055
	贵州省	1720	2.99	1.43	4587	4318
	云南省	1750	2.89	1.46	5141	4750
	西藏自治区	800	3.31	1.57	4330	3859
	陕西省	1500	2.9	1.51	5286	4881
	甘肃省	880	2.81	1.36	4093	3795
	青海省	650	3.02	1.32	4081	3686
	宁夏回族自治区	950	2.78	1.33	4758	4261
	新疆维吾尔自治区	1460	2.92	1.48	4518	4034
	全国	65653	2.87	1.48	6472	5963

图 3-7　素材

【答案与解析】

（1）【解析】在单元格内输入日期型数据，首先在"数字"组确定输入类型是"日期型"（见图3-8）。

操作步骤：选择单元格，输入"2015-1-30"。

（2）【解析】考点为【填充】功能。

操作步骤：

步骤1：在A4单元格输入"1"，选择A4:A35区域。

步骤2：选择"开始"/"编辑"，单击【填充】按钮，选择"序列"，弹出"序列"对话框（见图3-9），单击【确定】按钮。

图3-8 "数字"组

图3-9 "序列"对话框窗口

（3）【解析】考点为如何进行"页面设置"。

操作步骤：

步骤1：选择"页面布局"/"页面设置"，单击【页边距】按钮，选择"自定义边距"弹出"页面设置"对话框，分别输入左右页边距为1.4；居中对齐方式为"水平""垂直"（见图3-10）。

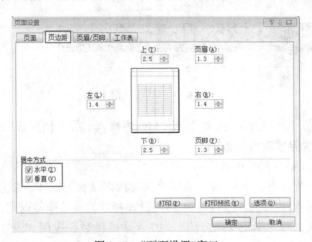

图3-10 "页面设置"窗口

步骤2：选择图3-10所示的"页面"选项卡，方向："纵向"，纸张大小："A4"（见图3-11）。

（4）操作步骤：

步骤1：单击"页面布局"选项卡/"打印标题"

步骤2：弹出"页面设置"对话框。"工作表"中单击"顶端标题行"或"左端标题行"的右面的按钮（见图3-12），单击【确定】按钮。

（5）【解析】考点为"窗口"应用。

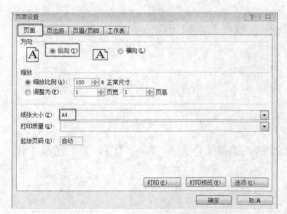

图 3-11 "页面设置"页面选项卡

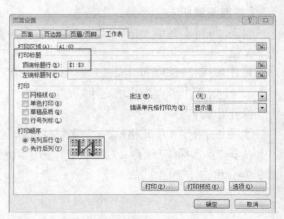

图 3-12 "页面设置"工作表选项卡

操作步骤：

要冻结 4 行以上，那么我们就要选中"A4"单元格，单击"视图"选项卡/"窗口"/"冻结窗口"（见图 3-13）；可以看到"A3"这一行的下面多了一条横线，这就是被冻结的状态。

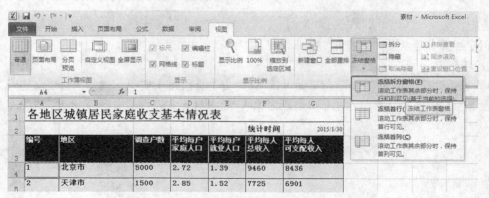

图 3-13 "窗口"组

（6）单击"文件"/"另存为"，在文件名文本框内输入"收支情况表"，单击【保存】按钮。

【例 2】按试题要求完成表格编辑：

（1）将 A1：F1 单元格合并居中；

（2）表格标题设置为隶书、字号 28；表格内所有数据设置为宋体、字号 13；

（3）设置第一行高 40，其他各行行高为 25，设置列宽为自动调整列宽；

（4）应用条件格式，对"享受需求分值"列中小于 4 的数据应用"浅红填充色深红色文本"显示；

（5）为表格标题添加批注"2015 年 4 月"；

（6）取消网格线。

【素材】幸福指数表.xlsx（见图 3-14）

【答案与解析】

【解析】（1）、（2）、（3）、（4）题考点为单元格和单元格区域格式的编辑方法。

（1）操作步骤：选择 A1：F1 区域/"对齐方式"组/单击【合并后居中】按钮。

序号	城市	幸福指数	基本需求分	发展需求分	享受需求分值
		幸福城市指数			
1	合肥	43.4	26.72	12.97	3.71
2	太原	42.95	27.36	11.83	3.77
3	广州	42.85	25.7	12.74	4.4
4	厦门	42.78	25.77	12.63	4.39
5	北京	42.59	24.43	13.89	4.27
6	上海	42.46	24.99	12.92	4.55
7	济南	42.45	27.16	10.96	4.3
8	沈阳	42.44	24.77	13.04	4.63
9	银川	42.35	26.39	12.1	3.66
10	南京	42.09	25.93	12.06	4.1
11	武汉	41.99	25.7	12.16	4.13
12	南昌	41.72	25.58	11.55	4.6
13	长沙	41.55	24.71	11.74	3.82
14	深圳	40.75	25.14	10.56	3.87
15	青岛	40.29	25.81	11.61	3.92
16	长春	39.33	23.94	10.91	3.77
17	西安	39.3	24.35	10.63	4.04
18	重庆	39.07	24.58	10.63	3.86
19	大连	39.06	23.58	11.96	3.5
20	乌鲁木齐	38.98	24.74	10.25	3.99
21	杭州	38.8	22.15	12.95	4.06
22	郑州	38.53	24.01	12.95	4.06
23	福州	38.07	23.3	10.79	3.72
24	成都	37.75	22.61	10.79	3.99
25	贵阳	37.7	23.13	11.05	4.09
26	天津	37.5	22.44	10.39	4.18
27	宁波	37.37	23.04	11.14	3.92
28	石家庄	37.11	23.48	9.88	3.52
29	南宁	36.95	23.23	9.84	3.74

图 3-14　素材

（2）操作步骤：

步骤1：选择A1单元格/"字体"组/选择字体"隶书"、字号28。

步骤2：选择A2:F31区域/"字体"组/选择字体"宋书"，在字号列表框中输入13。

（3）操作步骤：

步骤1：选择A1单元格/"单元格"组/"格式"下拉选项/【行高】按钮（见图3-15）。

步骤2：选择A2:F31区域/"单元格"组/"格式"下拉选项/【自动调整列宽】按钮。

（4）操作步骤：

步骤1：选择F列/"样式"组/"条件格式"下拉选项/"突出显示单元格规则"/【小于】按钮（见图3-16）。

图 3-15 "单元格"格式设置

图 3-16 "条件格式"设置

步骤 2：在弹出的"小于"窗口的文本框中输入"4"，在"设置为"列表框中选择"浅红填充色深红色文本"/单击【确定】按钮（见图 3-17）。

图 3-17 "小于"窗口

（5）【解析】考点为填加"批注"方法。

操作步骤：选择 A1 单元格/"审阅"选项卡/"批注"组/【新建批注】按钮（见图 3-18）/在弹出的文本框中输入"2015 年 4 月"。

（6）【解析】考点为工作表格式和自动套用格式设置方法。

操作步骤：选择"视图"选项卡/"显示"组/将"网格线"复选框中的"√"去掉（见图3-19），显示效果如图 3-20 所示。

图 3-18 添加"批注"设置

图 3-19 显示"网格线"设置

序号	城市	幸福指数	基本需求分值	发展需求分值	享受需求分值
1	合肥	43.4	26.72	12.97	3.71
2	太原	42.95	27.36	11.83	3.77
3	广州	42.85	25.7	12.74	4.4
4	厦门	42.78	25.77	12.63	4.39
5	北京	42.59	24.43	13.89	4.27
6	上海	42.46	24.99	12.92	4.55
7	济南	42.45	27.16	10.96	4.3
8	沈阳	42.44	24.77	13.04	4.63
9	银川	42.35	26.39	12.1	3.66
10	南京	42.09	25.93	12.06	4.1
11	武汉	41.99	25.7	12.16	4.13
12	南昌	41.72	25.58	11.55	4.6
13	长沙	41.55	24.71	11.74	3.82
14	深圳	40.75	25.14	10.56	3.87
15	青岛	40.29	25.81	11.61	3.92
16	长春	39.33	23.94	10.91	3.77
17	西安	39.3	24.35	10.63	4.04
18	重庆	39.07	24.58	10.63	3.86
19	大连	39.06	23.58	11.96	3.5
20	乌鲁木齐	38.98	24.74	10.25	3.99
21	杭州	38.8	22.15	12.95	4.06
22	郑州	38.53	24.01	12.95	4.06
23	福州	38.07	23.3	10.79	3.72
24	成都	37.75	22.61	10.79	3.99
25	贵阳	37.7	23.13	11.05	4.09
26	天津	37.5	22.44	10.39	4.18
27	宁波	37.37	23.04	11.14	3.92

图 3-20 效果图

【例3】按试题要求完成数据计算：

（1）基于单元格区域 I4:J9 中数据，使用 Lookup 函数依据工作表中给出的"产品单价"数据计算"单价"列数据；

（2）计算订货清单中"订单金额"列数据，"订单金额"="单价"×"数量"；

（3）在 D34 单元格中使用条件求和函数计算产品"SGZY-01"的订单"数量"；

（4）在 E34 单元格中使用条件求和函数计算产品"SGZY-01"的订单"金额"。

【素材】公司办公设备.xlsx（见图3-21）

编号	客户	产品代码	单价	数量	订单金额	其他费用		产品单价	
								产品代码	单价
XL-1301	陈永久	SGZY-01		120		800		SGZY-01	2000
XL-1302	刘凯	SGZY-01		500		900		SGZY-02	1500
XL-1303	张慧	SGZY-01		300		500		SGZY-03	1700
XL-1304	李辉	SGZY-01		450		300		SGZY-04	2500
XL-1305	邓志喜	SGZY-02		600		540		SGZY-05	3500
XL-1306	程刚	SGZY-02		145		500		SGZY-06	1900
XL-1307	曹元聪	SGZY-02		200		350			
XL-1308	胡风	SGZY-02		300		500			
XL-1309	赵敏	SGZY-03		600		400			
XL-1310	李莎	SGZY-03		150		230			
XL-1311	宋子德	SGZY-03		90		150			
XL-1312	郑欣宜	SGZY-03		156		160			
XL-1313	罗妮娜	SGZY-04		70		200			
XL-1314	赵刚	SGZY-04		260		300			
XL-1315	陈永清	SGZY-04		130		400			
XL-1316	贾明珠	SGZY-04		260		391			
XL-1317	刘金刚	SGZY-04		180		500			
XL-1318	陈永久	SGZY-05		145		350			
XL-1319	邓志喜	SGZY-05		200		500			
XL-1320	赵敏	SGZY-05		300		400			
XL-1321	郑欣宜	SGZY-05		600		230			
XL-1322	赵刚	SGZY-06		150		150			
XL-1323	张慧	SGZY-06		90		160			
XL-1324	曹元聪	SGZY-06		156		200			
XL-1325	郑欣宜	SGZY-06		70		300			
XL-1326	贾明珠	SGZY-06		260		400			
XL-1327	邓志喜	SGZY-06		130		391			

指定产品订单数量和订单金额合计		
产品代码	数量	订单金额
SGZY-01		

图 3-21 素材

【解析】考点为 Sumif 和 Lookup 函数的使用。

本题 Lookup 函数解析如下。

① 要查找的数值可以为数字、文本、逻辑值或包含数值的名称或引用。

② 查找范围为只包含一行或一列的区域。它的数值可以为文本、数字或逻辑值。数值必须按升序排序：…、-2、-1、0、1、2、…、A-Z、FALSE、TRUE,否则，Lookup 不能返回正确的结果。文本不区分大小写。

③ 只包含一行或一列的区域，其大小必须与查找范围相同。

本题 Sumif 函数解析如下。

① 条件判断区域。既然是条件求和，一是要有条件，二是要有判断的区域，Sumif 的第二个参数就是求和的条件，第一个参数就是拿条件来这个区域进行对比的区域。第一个参数必须是单元格引用。

② 条件。按条件求和就得有条件，该条件可以是字符串(如"ABC")，可以用大于等对比符号连接起来的条件表达式(如">100")，也可以使用通配符来表示匹配求和（如"AB*C"）。

③ 求和区域。该区域一定为数值型区域。

（1）操作步骤：单击插入函数"fx"按钮/弹出插入函数对话框，选择"LOOKUP"函数/在"函数参数"对话框中输入值（见图3-22）。

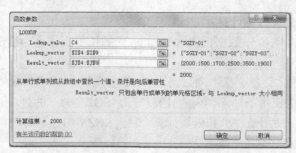

图 3-22 "LOOKUP" 函数窗口

（2）操作步骤：单击 F2 单元格/在编辑栏中输入值 "=D4*E4"。

（3）操作步骤：单击 D34 单元格/在编辑栏中输入值 "=SUMIF($C$4:$C$7,C34,E4:E7)"。

（4）操作步骤：单击 E34 单元格/在编辑栏中输入值=SUMIF(C4:C7,C34,F4:F7)(见图 3-23)。

A	B	C	D	E	F	G	H	I	J
AAA公司产品订货清单									
								产品单价	
编号	客户	产品代码	单价	数量	订单金额	其他费用		产品代码	单价
XL-1301	陈永久	SGZY-01	2000	120	240000	800		SGZY-01	2000
XL-1302	刘凯	SGZY-01	2000	500	1000000	900		SGZY-02	1500
XL-1303	张慧	SGZY-01	2000	300	600000	500		SGZY-03	1700
XL-1304	李辉	SGZY-01	2000	450	900000	300		SGZY-04	2500
XL-1305	邓志喜	SGZY-02	1500	600	900000	540		SGZY-05	3500
XL-1306	程刚	SGZY-02	1500	145	217500	500		SGZY-06	1900
XL-1307	曹元聪	SGZY-02	1500	200	300000	350			
XL-1308	胡风	SGZY-02	1500	300	450000	500			
XL-1309	赵敏	SGZY-03	1700	600	1020000	400			
XL-1310	李莎	SGZY-03	1700	150	255000	230			
XL-1311	宋子德	SGZY-03	1700	90	153000	150			
XL-1312	郑欣宜	SGZY-03	1700	156	265200	160			
XL-1313	罗妮娜	SGZY-04	2500	70	175000	200			
XL-1314	赵刚	SGZY-04	2500	260	650000	300			
XL-1315	陈永清	SGZY-04	2500	130	325000	400			
XL-1316	贾明珠	SGZY-04	2500	260	650000	391			
XL-1317	刘金刚	SGZY-04	2500	180	450000	500			
XL-1318	陈永久	SGZY-05	3500	145	507500	350			
XL-1319	邓志喜	SGZY-05	3500	200	700000	500			
XL-1320	赵敏	SGZY-05	3500	300	1050000	400			
XL-1321	郑欣宜	SGZY-05	3500	600	2100000	230			
XL-1322	赵刚	SGZY-06	1900	150	285000	150			
XL-1323	张慧	SGZY-06	1900	90	171000	160			
XL-1324	曹元聪	SGZY-06	1900	156	296400	200			
XL-1325	郑欣宜	SGZY-06	1900	70	133000	300			
XL-1326	贾明珠	SGZY-06	1900	260	494000	400			
XL-1327	邓志喜	SGZY-06	1900	130	247000	391			
指定产品订单数量和订单金额合计									
		产品代码	数量	订单金额					
		SGZY-01	1370	2740000					

图 3-23 函数显示效果图

【例 4】按试题要求制作出图表：

（1）依据"全国居民人均消费支出"表中数据制作三维饼图；

（2）图表位置为 D2:K21；

（3）设置图表标题为"2013 年全国居民人均消费支出分析"，字体隶书、加粗；

（4）在底部显示图例。

【素材】全国居民人均消费支出.xlsx（见图 3-24）

【解析】考点为制作图表。

操作步骤：

步骤 1：选择 A2:B10 区域/"插入"选项卡/"图表"组/单击【饼图】按钮。

步骤 2：调整图表大小，设置图表位置为 D2:K21，双击图表/弹出"设置图表区格式"窗口/选择"属性"/在"对象位置"栏选择【大小和位置均固定】单选按钮（见图 3-25）。

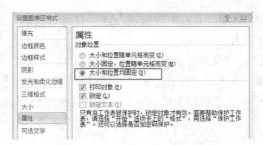

	A	B
1	全国居民人均消费支出	
2	消费支出	2013年
3	1.食品烟酒	4126.7
4	2.衣着	1027.1
5	3.居住	2998.5
6	4.生活用品及服务	806.5
7	5.交通和通信	1627.1
8	6.教育、文化和娱乐	1397.7
9	7.医疗保健	912.1
10	8.其他用品及服务	324.7

图 3-24　素材　　　　　　　　　图 3-25　"设置图表区格式"窗口

步骤 3：选择"图表工具"的【布局】选项/【图表标题】按钮/输入"2013 年全国居民人均消费支出分析"/设置"字体隶书、加粗"/单击【图例】按钮，选择"在底部显示图例"，效果图如图 3-26 所示。

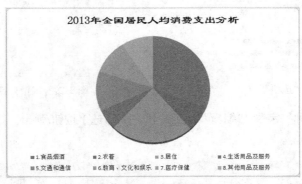

图 3-26　制作图表效果图

【例 5】按试题要求完成数据的分析和处理：

（1）在"办公设备"工作表中以"名称"为关键字，按工作表中给出的"名称序列"顺序排序；

（2）在"筛选"工作表中应用自动筛选功能，筛选出"名称"为"笔记本电脑"，"部门"为"办公室"或"财务部"的记录；

（3）参照样张，在"统计"工作表中使用数据透视表统计出各"部门"的"笔记本电脑"和"计算机"的数量，数据透视表的起始位置为工作表的 J1 单元格。

【素材】公司办公设备.xlsx（见图 3-27）。

序号	名称	厂家	型号	购入日期	部门		名称序列
1	笔记本电脑	Dell 戴尔	Ins14RR-5628L	2013年5月	办公室		笔记本电脑
2	笔记本电脑	Lenovo 联想	Erazer Y50-70AM	2012年4月	办公室		计算机
17	笔记本电脑	Dell 戴尔	Ins14RR-5628L	2013年5月	财务部		打印机
18	笔记本电脑	Lenovo 联想	Erazer Y50-70AM	2012年4月	财务部		复印机
31	笔记本电脑	Lenovo 联想	Erazer Y50-70AM	2012年4月	党办		录像机
32	笔记本电脑	Lenovo 联想	Erazer Y50-70AM	2012年4月	党办		数码摄像机
33	笔记本电脑	Lenovo 联想	Erazer Y50-70AM	2012年4月	党办		传真机
34	笔记本电脑	Lenovo 联想	Erazer Y50-70AM	2012年4月	党办		数码相机
44	笔记本电脑	Dell 戴尔	Ins14RR-5628L	2013年5月	工程部		投影机
45	笔记本电脑	Dell 戴尔	Ins14RR-5628L	2013年5月	工程部		碎纸机
46	笔记本电脑	Lenovo 联想	Erazer Y50-70AM	2012年4月	计划部		
47	笔记本电脑	Lenovo 联想	Erazer Y50-70AM	2012年4月	计划部		
58	笔记本电脑	Dell 戴尔	Ins14RR-5628L	2013年5月	技术部		
59	笔记本电脑	Dell 戴尔	Ins14RR-5628L	2013年5月	技术部		

图 3-27　素材

【解析】考点为表中数据进行排序和筛选及建立透视表的方法。

（1）操作步骤：

步骤 1："文件"选项/【选项】按钮/高级/常规，编辑自定义列表（见图 3-28）。

步骤 2：弹出"自定义序列"对话框/单击【添加】按钮/输入"笔记本电脑、计算机、打印机、复印机、录像机、数码摄像机、传真机、数码相机、投影机、碎纸机"序列/单击【确定】按钮（见图 3-29）。

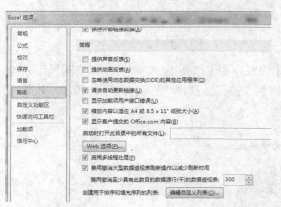

图 3-28 "选项"窗口 　　　　　　　　　　　图 3-29 编辑自定义列表窗口

步骤 3：选择"名称"字段/"编辑"组的【排序和筛选】按钮/弹出"排序"窗口，选择"自定义序列"（见图 3-30）。

图 3-30 输入"自定义序列"

（2）操作步骤：选择"开始"选项卡/"编辑"组的【排序和筛选】按钮/筛选"名称"字段名右下三角选择"笔记本电脑"，"部门"字段名下选择"办公室"（见图 3-31）。

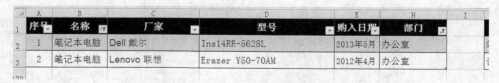

图 3-31 笔记本电脑效果图

（3）操作步骤：选择数据区/"插入"选项卡/"表格"组/【数据透视表】按钮（见图3-32）。效果图如图3-33所示。

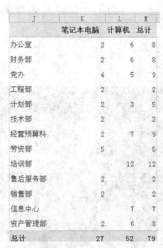

	笔记本电脑	计算机	总计
办公室	2	6	8
财务部	2	6	8
党办	4	5	9
工程部	2		2
计划部	2	3	5
技术部	2		2
经营预算科	2	7	9
劳资部	5		5
培训部		12	12
售后服务部	2		2
销售部	2		2
信息中心		7	7
资产管理部	2	6	8
总计	27	52	79

图 3-32 创建"数据透视表"选项卡   图 3-33 透视表效果图

【例6】按试题要求完成工作表的操作：

（1）将表格应用套用表格样式"表样式深色2"；

（2）为工作表添加背景图片。

【素材】奖牌榜.xlsx（见图3-34）。

（1）【解析】考点为工作表格式和自动套用格式设置方法。

操作步骤：选择"开始"选项卡/"样式"组/【套用表格格式】按钮（见图3-35）。

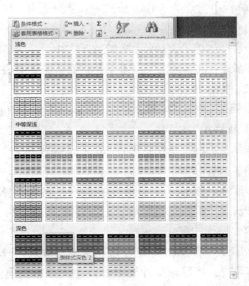

图 3-34 素材   图 3-35 设置"套用表格格式"

（2）【解析】考点为工作添加图片背景。

操作步骤：选择"页面布局"选项卡/"页面设置"组/【背景】按钮，弹出"工作表背景"窗口，选择一副图片即可，效果图如图 3-36 所示。

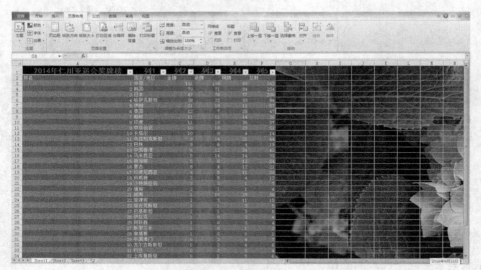

添加背景图片

图 3-36　添加背景图片效果图

【例 7】按试题要求完成数据计算：

（1）计算"总分"，总分=平时成绩×10%+笔试成绩×40%+上机成绩×50%；

（2）计算"综合评定"，总分在 90 分以上（含 90 分）为"优"，90 分以下 80 分以上（含 80 分）为"良"，80 分以下 60 分以上（含 60 分）为"及格"，低于 60 分为"不及格"；

（3）在"最高分"行分别计算"平时成绩""笔试成绩""上机成绩""总分"列数据的最大值；

（4）在"最低分"行分别计算"平时成绩""笔试成绩""上机成绩""总分"列数据的最小值。

【素材】计算机办公系统成绩表.xlsx（见图 3-37）。

【解析】考点为工作表公式和函数的使用。

（1）操作步骤：

步骤 1：单击 F4 单元格/在编辑栏输入"=C4*0.1+D4*0.4+E4*0.5"即可。

步骤 2：将鼠标放在 F4 单元格右下角，按住鼠标左键拖动至 F18。

（2）操作步骤：

步骤 1：单击 G4 单元格/在编辑栏输入"=IF(F4>=90,"优",IF(F4>=80,"良",IF(F4>=60,"及格",不及格)))"即可。

步骤 2：将鼠标指针放在 F4 单元格右下角，按住鼠标左键拖动至 F18。

（3）操作步骤：

步骤 1：单击 C19 单元格/在编辑栏输入"=MAX(C4:C18)"即可。

步骤 2：将鼠标指针放在 C19 单元格右下角，按住鼠标左键拖动至 F19。

（4）操作步骤：

步骤 1：单击 C20 单元格/在编辑栏输入"=MIN(C4:C18)"即可。

步骤 2：将鼠标指针放在 C20 单元格右下角，按住鼠标左键拖动至 F20。

效果图如图 3-38 所示。

序号	姓名	平时成绩	笔试成绩	上机成绩	总分	综合评定
1	张明	84	90	65		
2	刘旭	89	95	84		
3	李宝明	39	45	70		
4	赵丽	74	80	85		
5	刘飞	79	94	92		
6	马克	79	85	90		
7	胡红	74	80	90		
8	林晓飞	84	90	90		
9	周慧敏	69	75	72		
10	张晓华	84	90	84		
11	李明	74	80	75		
12	宋玉明	64	70	76		
13	赵晓雪	84	90	94		
14	刘红艳	74	80	94		
15	苏兰	84	90	75		
最高分						
最低分						

图 3-37 素材

序号	姓名	平时成绩	笔试成绩	上机成绩	总分	综合评定
1	张明	84	90	65	76.9	及格
2	刘旭	89	95	84	88.9	良
3	李宝明	39	45	70	56.9	不及格
4	赵丽	74	80	85	81.9	良
5	刘飞	79	94	92	91.5	优
6	马克	79	85	90	86.9	良
7	胡红	74	80	90	84.4	良
8	林晓飞	84	90	90	89.4	良
9	周慧敏	69	75	72	72.9	及格
10	张晓华	84	90	84	86.4	良
11	李明	74	80	75	76.9	及格
12	宋玉明	64	70	76	72.4	及格
13	赵晓雪	84	90	94	91.4	优
14	刘红艳	74	80	94	86.4	良
15	苏兰	84	90	75	81.9	良
最高分		89	95	94	91.5	
最低分		39	45	65	56.9	

图 3-38 办公系统成绩表效果图

【例 8】根据"广角摄影器材公司销售管理表.xlsx",按试题要求完成数据计算:

（1）使用 Lookup 函数依据工作表中给出的"商品单价"数据，计算"广角摄影器材公司销售管理表"中的"销售单价"列数据；

（2）计算"销售金额"列数据，"销售金额"＝"销售单价"×"销售数量"；

（3）使用条件求和函数计算"商品汇总"表中各商品的"进货数量"列数据；

（4）使用条件求和函数计算"商品汇总"表中各商品的"销售数量"列数据。

【素材】广角摄影器材公司销售管理表.xlsx。（见图 3-39）

图 3-39 素材

【解析】考点为工作表公式和函数的使用。

操作步骤：

（1）选中单元格 F3，在编辑栏输入"=LOOKUP(C3,$J$3:$J$6,$K$3:$K$6)"。

（2）选中单元格 G3，在编辑栏输入"=F3*E3"。

（3）选中单元格 D26，在编辑栏输入"=SUMIF(C3:C21,C26:C29,D3:D21)"。

（4）选中单元格 E26，在编辑栏输入"=SUMIF(C3:C21,C26:C29,E3:E21)"。

效果图如图 3-40 所示。

24		商品汇总		
25	序号	商品名称	进货数量	销售数量
26	1	Canon/佳能　SX510	64	54
27	2	Canon/佳能　SX700	75	65
28	3	Sony/索尼　DSC-H400	64	54
29	4	ujifilm/富士　HS35EXR	45	37

图 3-40　效果图

第四部分
模拟试题

模拟题一

一、打开素材文件"汇率.xlsx"，按试题要求完成表格编辑：

（1）删除 A 列；删除第 2 行；

（2）参照样张，在标题行下方输入数据"（2014 年 9 月 30 日）"；

（3）设置打印标题行：第 1 行至第 2 行；

（4）设置打印纸张 A4、横向、左右页边距为 0.9、上页边距 1、下页边距 0.5、居中对其方式为"水平""垂直"；

（5）将"Sheet1"工作表命名为"汇率"；删除工作表"Sheet2"和"Sheet3"；

（6）将文件在"C:\ATA_MSO\testing\130031-4E4\EXCEL\T04_EX1001(01)\"文件夹下另存为"汇率.pdf"。

（注意：完成后保存文件）

			各种货币对美元折算率			
1			（2014年9月30日）			
2		货币名称	货币单位	对美元折算率	货币名称	货币单位
3	AED	阿联酋迪拉姆	1迪拉姆	0.272276	MKD	马其顿第纳尔	1第纳尔
4	ALL	阿尔巴尼亚列克	1列克	0.009057	MMK	缅甸缅元	1元
5	AOA	安哥拉宽扎	1宽扎	0.010173	MNT	蒙古图格里克	1图格里克
6	ARS	阿根廷比索	1比索	0.117911	MOP	澳门元	1元
7	AUD	澳元	1元	0.870557	MUR	毛里求斯卢比	1卢比
8	BAM	波黑马克	1马克	0.649595	MVR	马尔代夫卢非亚	1卢非亚
	BGN	保加利亚列维	1列维	0.648593	MWK	马拉维古瓦查	1古瓦查

图 3-41　样张

二、打开素材文件"食品价格变动表.xlsx"，按试题要求完成工作表的修饰：

（1）将表格应用套用表格样式"表格样式中等深浅 8"；

（2）设置行高，第 1 行为 60，其他各行为 15；

（3）参照样张，将表格标题设置为黑体、字号 14、"标准色"紫色、文本换行；

（4）为表格标题添加批注"来源：国家统计局"；

（5）应用条件格式，对"涨跌幅（%）"列数据为负数的应用"红色文本"显示。

（注意：完成后保存文件）

三、打开素材文件"公司销售统计表.xlsx"，按试题要求完成数据计算：

（1）计算"未收金额"列数据，"未收金额" = "签单金额" – "到账金额"；

（2）计算"到账率"列数据，"到账率" = "到账金额" / "签单金额"，以百分数显示；

（3）利用条件求和函数分别计算出王霞的"签单金额""到账金额""未收金额"；

（4）利用条件求和函数分别计算出李丽娜的"签单金额""到账金额""未收金额"。

（注意：完成后保存文件）

四、打开素材文件"公司爱心捐款明细表.xlsx"，按试题要求完成数据的分析和处理：

（1）在"明细"工作表中，将单元格区域"A2:F28"转换为表格；

（2）为表格添加汇总行，对"姓名"列计数，"金额"列求和汇总；

（3）对"筛选"工作表应用自动筛选功能，显示"政治面貌"不是"党员"的记录；

（4）参照样张，对"汇总"工作表应用数据透视表功能，对各"部室"的捐款"金额"汇总。

（注意：完成后保存文件）

五、打开素材文件"年度人口状况分析.xlsx"，按试题要求制作出图表：

（1）参照样张，依据"年度人口状况分析"表中的数据，制作簇状柱形图；

（2）设置图表位置为A8:H26；

（3）设置图表标题为"年度人口状况分析"；

（4）设置图表布局为"布局3"；

（5）设置图表样式为"样式26"。

（注意：完成后保存文件）

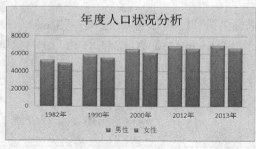

图 3-42　样张

模拟题二

一、打开素材文件"赛事安排表.xlsx"，按试题要求完成表格编辑：

（1）在第2行上方插入一个空行；

（2）在E2单元格内输入日期型数据"2014-9-27"；

（3）页面设置：纸张A4、横向、左右页边距为0.8、上下页边距0.9、居中对齐方式为"水平"；

（4）设置打印标题行：第1行至第3行；

（5）窗口冻结第4行以上（不包含第4行）内容；

（6）将工作表命名为"赛事"；

（7）保存电子表格文件，同时将文件另存为"赛事安排表.pdf"。

（注意：完成后保存文件）

二、打开素材文件"医疗卫生机构统计表.xlsx"，按试题要求完成工作表的修饰：

（1）将 A1:D1 单元格合并居中；

（2）参照样张，将第 2、4、13、18、23 行的数据区域设置为"蓝色，强调文字颜色 1，淡色 80%"样式，将字体加粗；

（3）表格标题设置为黑体、字号 18、颜色"蓝色，强调文字颜色 1"样式；

（4）应用条件格式，对"增减数"列数据为负数的应用"红色文本"显示；

（5）参照样张，在表格标题右侧插入图片"素材.jpg"。

（注意：完成后保存文件）

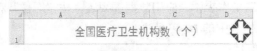

图 3-43　样张

三、打开素材文件"参加疗养人员名单.xlsx"，按试题要求完成数据的分析和处理：

（1）对"名单"工作表以"集合地点"为主关键字升序排序，以"部门"为次关键字升序排序；

（2）对"筛选"工作表应用自动筛选，筛选出在"集合地点 A"处集合的"性别"为"女"的记录；

（3）参照样张，对"统计"工作表应用数据透视表功能对各"部门"按"集合地点"汇总。

（注意：完成后保存文件）

序号	部门	姓名	性别	政治面貌	身份证号	集合地点	备注
				参加疗养人员名单			
序号	部门	姓名	性别	政治面貌	身份证号	集合地点	备注
1	经营预算	强祥生	女	团员	11010119840111XXXX	集合地点B	
2	办公室	邱继勇	男	群众	11010419630407XXXX	集合地点A	
3	销售部	苏洪	女	群众	11010319691229XXXX	集合地点C	
4	经营预算	苏瑞彬	女	群众	11010319630425XXXX	集合地点B	
5	办公室	孙晓红	女	党员	11010319630425XXXX	集合地点A	
6	开发部	孙永学	男	党员	11010319691217XXXX	集合地点A	
7	开发部	唐仕江	女	群众	11010219720615XXXX	集合地点C	
8	开发部	汪凯	男	党员	11010319521030XXXX	集合地点A	
9	办公室	王春梅	男	群众	11010619670625XXXX	集合地点A	
10	财务部	王金宏	男	群众	11010319741122XXXX	集合地点B	
11	财务部	王伟	男	团员	11010319830610XXXX	集合地点B	
12	开发部	王秀琴	男	九三学社	11010119680819XXXX	集合地点C	
13	开发部	魏建荣	男	群众	11010619740826XXXX	集合地点C	
14	开发部	吴宏元	女	群众	13040219660924XXXX	集合地点A	
15	人力资源部	杨军	女	党员	37028319820621XXXX	集合地点B	
16	人力资源部	杨淑凤	女	党员	13302719750205XXXX	集合地点A	
17	人力资源部	姚便迪	女	群众	11010319711118XXXX	集合地点A	
18	开发部	殷树森	男	党员	41302519770926XXXX	集合地点A	
19	经营预算	于连贵	女	团员	13010519831115XXXX	集合地点B	
20	开发部	俞光平	女	群众	36010419730524XXXX	集合地点A	

图 3-44　样张

四、打开素材文件"办公设备管理.xlsx"，按试题要求编辑图表：

（1）参照样张，更改图例位置为底部；

（2）删除图表分类轴中"合计"类；

（3）设置图表样式为"样式42"；

（4）设置图表标题为"办公设备管理与分析"。

（注意：完成后保存文件）

五、打开素材文件"物业公司工程技术人员信息.xlsx"，按试题要求完成数据的分析和处理：

（1）在"信息表"工作表中，将单元格区域"A3:J26"转换为表格；

（2）以"岗位"为主关键字升序排序，以"工作年限"为次关键字降序排序；

（3）在"筛选"工作表中应用"自动筛选"功能，筛选出"岗位"为"水暖工程师"且"工作年限"＞=4的记录内容；

（4）参照样张在"汇总"工作表中，应用数据透视表，按"岗位"和"最高学历"进行汇总，透视表的起始位置为当前工作表中的L3单元格。

（注意：完成后保存文件）

模拟题三

一、打开文件"素材2901.xlsx"，按要求完成工作表的制作与编辑：

（1）将"杭州"地区的单位电话加区号"0751"；

（2）将单价列填写完整，货物标号"A-0001"单价1.50元，货物标号"A-0002"单价1.55元，货物编"B-0001"，单价1.75元，货物"B-0002"单价1.95元；

（3）在I12单元格输入登录时间"2008-6-30"；

（4）在表格上方插入一个空行，将A1:I1单元格进行合并居中；

（5）输入标题文字"进货登记管理"，并设置字体：黑体，字号20，加粗；

（6）将工作表"sheet1"重命名为"进货登记表"，将工作表"sheet2"和"sheet3"删除；

（7）将文件保存在文件夹中，文件名为"进货登记管理.xlsx"。

二、打开文件"素材0902.xlsx"，按如下要求完成"国家大剧院8月演出预告"表格的编辑与修饰工作：

（1）设1、2行的行高分别为40、20，其他各行行高为30；设置A-D列宽分别为15、30、20、25；

（2）设置表格标题字体隶书、字号24、加粗、褐色；标题和列标题字体黑体、字号14、加粗、褐色；

（3）设置表格内其他数据格式字体宋体、字号12、深蓝色、居中对齐；

（4）"票价"列数据设置为"自动换行"，其余需要换行的单元格参照样张设置换行；

（5）设置表格的外边框为线条样式第2列第6种，内部网络线为线条样式第2列第5种，均为深蓝色；

（6）设置工作表背景为图片"国家大剧院.jpg"；

（7）取消工作表网络线和行号列标显示。

（注意：完成后保存文件）

三、打开文件"素材0801.xlsx"，按要求完成工作表的制作与编辑：

（1）在"员工编号"列采用序列填充方式分别完成"001～010"的数据输入；

（2）输入 003 号员工的手机号码，文本型数据"13520528779"；输入 007 号员工小灵通号码，文本型数据"87964638"；

（3）参照样张，将起始时间和结束时间的各单元格数据填充完整；

（4）在表格左侧插入一个空列；

（5）页面设置为 A4 纸横向，左右页边距均为 2.4，对齐方式为水平居中且垂直居中；

（6）将工作表"sheet1"重命名为"通信费"；

（7）将文件保存在 "C:\ATA\Answer\220825A0520912130027\MSO\EXCEL\T8_EX0301"文件夹中，文件名为"通信费计划表.xlsx"。

四、打开文件"素材 0701.xlsx"按要求完成工作表的制作与编辑：

（1）在"编号"列采用序列填充方式分别完成"XS001-XS008"与"OH001-QH005"两组数据的输入；

（2）输入"卢红"的联系电话，文本型数据"26859756"；

（3）输入"李蒙蒙"的 E-Mail 地址 limengm@hotmail.com；

（4）在表格上方插入两个空行，将 A1:H1 单元格进行合并居中；

（5）在合并单元格内输入标题文字"员工通信录"，并设置字体为黑体，字号 20，加粗；

（6）在表格左侧插入一个空列；

（7）将工作表"sheet1"重命名为"通信录"；

（8）将文件保存在文件夹中，文件名为"员工通信录.xlsx"。

五、打开文件"素材 1001.xlsx"，按如下要求完成工作表的编辑与操作：

（1）参照样张，填写"起始城市"列数据；

（2）参照样张，采用复制方式填充"折扣"列数据；

（3）参照样张，填写"打折机票"列数据，并设置为保留两位小数；

（4）参照样张，填写"订票热线"的电话号码；

（5）在表格左侧插入一个空白列；

（6）将工作表"sheet1"重命名为"打折机票"，删除工作表 sheet2 和 sheet3；

（7）将表格列标题以上窗口冻结；

（8）将文件保存在文件夹中，文件名为"打折机票信息.xlsx"。

模拟题四

一、打开文件"素材 1002.xlsx"，按要求完成"A 级景区介绍"表格的编辑与修饰工作：

（1）设置表格列标题格式字体隶书、字号 16、加粗、居中对齐；设置 B3:D47 数据格式字体黑体、字号 12；设置 E3:F7 数据格式字体 Times New Roman、字号 12、加粗、居中对齐，并设置为文本型数据；

（2）设置第一行的行高为 100，第二行的行高为 20，其他各行的行高为 17；设置各列的列宽为"最适合的列宽"；

（3）将 A1:F1 单元格合并，插入艺术字"A 级景区介绍"，字库样式第三行第二列，隶书，加粗，调整至合适大小；

（4）将 A3:B47 区域的部分单元格参照样张进行单元格合并；

（5）设置底纹填充，A 列为灰色-25%；B 列为浅青绿；C 列为淡蓝；D 列为淡紫；E 列为淡黄；F 列为茶色；

（6）设置表格的外边线为线条样式第 2 列第 6 种，内部网格线为线条样式第 2 列第 4 种，均为紫罗兰色。

（注意：完成后保存文件）

二、打开文件"素材 0601.xlsx"，按如下要求完成表格的编辑工作：

（1）在 D2 单元格输入日期型数据"2007-11-1"，并采用单元格内容复制方法填充"最后一次调薪时间"列数据；

（2）在 H2 单元格输入数据"0000-0001-1234-5678-001"；

（3）应用序列填充方式完成"银行账号"列数据输入；

（4）在"银行账号"列左列插入一个空列，列标题为"调整后总基本工资"；

（5）应用自动求和函数计算"调整后总基本工资"，为前三项数据之和；

（6）在表格上方插入一个空行，将 A1：I1 单元格进行合并居中；

（7）输入标题文字"员工薪金记录表"，并设置字体为黑体，字号为 18；

（8）将文件保存在文件夹中，文件名为"薪金记录表.xlsx"。

三、打开文件"素材 1003.xlsx"，按如下要求完成"各年龄组人口分布抽样调查"的计算：

（1）利用公式在 C5：C17 区域分别计算各年龄组人口占 2006 年抽样人口总数的比重，保留 1 位小数；

（2）利用公式在 E5：E17 区域分别计算各年龄组占比重的增长率，即（2006 年各年龄组人口所占比重-2005 年各年龄组人口所占比重）/2006 年各年龄组人口所占比重，设置百分号格式，并保留 2 位小数；

（3）将 E5：E17 区域设置条件格式，各年龄组占比重的增长率为负增长的用蓝色加粗字体显示，正增长的用红色加粗字体显示。

（注意：完成后保存文件）

四、打开文件"素材 0805.xlsx"，根据"业务收支表"制作"产品利润分析图"：

（1）参照样张，根据产品销售所列项目（B5：B12）与其对应的业务利润（G5：G12）创建图表，图表类型为三维饼图，数据标签包括百分比，图表位置为当前工作表的 B19：G33 单元格区域，图表标题为"产品利润分析图"，图表标题文字为 16 号黑体。

（2）将所有含有公式的单元格设置为"锁定+隐藏"，其余单元格设置为"锁定"，保护工作表（不要设置密码），被保护的工作表中用户不能选定锁定的单元格。

（注意：完成后保存文件）

五、打开文件"沪深股市主力净流入排名.xlsx"，按要求完成表格修饰：

（1）删除 D 列；

（2）将 F 列应用自动序列填充，填入文本型数据"1"至"50"；

（3）对表格标题设置超级链接，链接地址：http:data.eastomney.com/zjlx/，设置标题字号 16；

（4）页面设置：纸张 A4、横向、左右页边距为 0.5、居中对齐方式为"水平""垂直"；

（5）设置打印标题行：第 1 行至第 3 行；

（6）删除工作表"sheet2"和"sheet3"；

（7）保存电子表格文件，同时将文件另存为"沪深股市主力净流入.pdf"。

（注意：完成后保存文件）

模拟题五

一、打开文件"**素材 0605.xlsx**"，按要求完成"我国文件、文物单位数量发展状况"图表的制作：

（1）依据表格中的数量生成"公共图书馆发展"图表，图表类型为"簇状柱形图"，图表标题为"公共图书馆发展"，图表位于当前工作表 A20：F31 区域，图表的"数值轴""分类轴"和"图例"中的字号为 8；

（2）依据表格中的数据生成"博物馆及公共图书馆发展"图表，图表类型为"簇状柱形图"，图表标题为"博物馆及公共图书馆发展"，图表位于当前工作表 A32：F42 区域，图表的"数值轴""分类轴"和"图例"中的字号为 8；

（3）依据表格中的数据生成"艺术类团体和场馆的发展"图表，图表类型为"堆积柱形图"，图表标题为"艺术类团体和场馆的发展"，图表位于当前工作表 A43：F53 区域，图表的"数值轴""分类轴"和"图例"中的字号为 8，图例位置为底部。

（注意：完成后保存文件）

二、打开文件"**素材 0803.xlsx**"，按要求完成"北京市土地面积及利用状况分析表"的计算：

（1）利用求和函数分别计算全市各类土地面积之和（共 5 个数据）；

（2）利用公式计算各区县耕地占农用地比重，百分比显示并保留 2 位小数；

（3）利用公式计算各区县未利用地占土地面积比重，百分比显示并保留 2 位小数；

（4）设置条件格式，各区县未利用地占土地面积比重小于 10%的数据采用红色加粗显示。

（注意：完成后保存文件）

三、打开文件"**素材 0822.xlsx**"，按如下要求完成"8 月热销数目"表格的编辑与修饰工作：

（1）设置第 1、3 行的行高为 100，第 2 行的行高为 30，其他各行的行高 15；设置 A 列的列宽均为 10，其他各列的列宽为 22；

（2）将 A1:F1 单元格合并，插入艺术字"8 月热销数目"，字库样式第 3 行第 2 列，楷体 GB2312，加粗，调整至合适大小；

（3）设置表格行标题数据格式，字体幼圆、字号 12、加粗、居中对齐；设置表格内其他数据格式字体，宋体、字号 9、居中对齐；"现价"所在行数据为红色；

（4）参照样张，将 C2、D2 的数据在单元格内设定换行；

（5）参照样张，在 B3:F3 单元格中分别插入图片；

（6）设置表格的外边框线为线条样式第 2 列第 6 种，内部网格线为线条样式第 2 列第 2 种，均为紫罗兰色。

（注意：完成后保存文件）

四、打开文件"**素材 0602.xlsx**"，按如下要求完成"奥运特许专卖产品介绍"表格的编辑与修饰工作：

（1）设置表格列标题文字格式，字体黑体、字号 14、加粗、居中对齐；表格内其他数据设置字体宋体、字号 12、居中对齐；

（2）参照样张，分别将 A3:A6 与 A7:A9 单元格区域合并居中；

（3）将"特许编号"列数据设置为文本型；将"产品价格"列数据设置为货币类型，添加人民币符号并保留两位小数；

（4）设置 1～9 行的行高为 45，C 列的列宽为 10，其他各列为最适合列宽；

（5）插入艺术字"奥运特许专卖产品介绍"，字库样式第 2 行第 5 列，隶书、加粗，置于 B1:F1 区域内；

（6）参照样张，在 C3:C9 单元格中分别插入图片，调整至合适大小；

（7）设置表格的外边框线为线条样式第 2 列第 7 种，内部网格为线条样式第 1 列第 6 种，均为蓝色；

（8）应用条件格式将"限量数量"为"不限量"的数据设置为蓝色加粗格式。

（注意：完成后保存文件）

五、打开文件"素材 0633.xlsx"，按如下要求完成"单位与个体经营户的地区分布"的计算：

（1）利用求和函数分别计算三项分类合计（共 3 个数据）；

（2）利用函数分别计算三项分类最大值；

（3）利用函数分别计算三项分类最小值；

（4）设置条件格式，个体经营户超过 100 万户的数据设采用红色加粗显示。

（注意：完成后保存文件）

第四篇 演示文稿篇

第一部分
演示文稿考试大纲（2015 年版）

一、考试对象

本考试针对已完成 NIT 课程 "演示文稿"（Office 2010 版）学习的所有学员，以及已熟练掌握 Microsoft Office PowerPoint 2010 相关知识和技术的学习者。

二、考试介绍

1. 考试形式：无纸化考试，上机操作。
2. 考试时间：120 分钟。
3. 考试内容：演示文稿的基本操作、幻灯片内容制作、幻灯片效果设置与页面设置、幻灯片动画效果与切换方式、幻灯片放映设置、演示文稿审阅与视图方式等，使学员能够满足无纸化办公的需求。
4. 考核重点：通过模拟环境下的实际操作，考核考生的应用能力水平。
5. 软件要求：

操作系统：Windows 7

应用软件：Microsoft Office PowerPoint 2010 办公软件

输入法：拼音、五笔输入法

三、考试大纲要求及内容

序号	能力目标	具体要求	考试内容
一	演示文稿的基本操作	掌握软件工具启动、退出操作	1. 启动、退出 PowerPoint 2010 软件
		掌握演示文稿新建、打开、保存等基本操作	2. 新建空演示文稿、根据现有内容新建演示文稿、使用样本模板新建演示文稿
			3. 打开已有的演示文稿
			4. 保存演示文稿或另存演示文稿
			5. 更改演示文稿类型、保存并发送演示文稿
		掌握预览与打印基本操作	6. 预览与打印演示文稿
二	幻灯片内容制作	掌握幻灯片的添加、删除、更改版式等基本操作	7. 添加、复制、移动、删除幻灯片
			8. 选取或更改幻灯片版式

序号	能力目标	具体要求	考试内容
		掌握文本、图片、艺术字等内容的制作	9. 制作幻灯片文本内容
			10. 在幻灯片中添加与制作剪贴画、图片、相册，编辑与修饰剪贴画、图片、相册
			11. 幻灯片中添加与制作艺术字，编辑与修饰艺术字
		熟悉并掌握表格、图表、SmartArt 图形等内容的制作	12. 幻灯片中添加与制作表格，编辑与修饰表格
			13. 幻灯片中添加与制作图表，编辑与修饰图表
			14. 幻灯片中添加与制作形状，编辑与修饰形状
			15. 幻灯片中添加与制作 SmartArt 图形，编辑与修饰 SmartArt 图形
		熟悉声音、视频效果的制作	16. 幻灯片中添加声音、视频
		了解公式、符号等内容的制作	17. 幻灯片中添加与制作公式、符号，编辑公式
三	幻灯片效果设置、页面设置	掌握幻灯片主题应用、背景效果的运用	18. 应用自定义主题，自定义文档主题，编辑自定义主题
			19. 幻灯片背景设置，设置背景格式，隐藏背景图形
		熟悉并掌握页脚设置、页面设置	20. 添加和编辑页眉、页脚、幻灯片编号
			21. 添加、编辑日期和时间
			22. 幻灯片页面设置
		熟悉备注页的使用	23. 备注页添加备注
四	幻灯片动画效果与切换方式	熟悉并掌握动画效果设置	24. 添加动画，设置动画效果
			25. 添加高级动画（进入、强调、退出）效果，设置动画路径
			26. 动画计时设置，动画顺序设置
			27. 预览动画
		熟悉并掌握切换效果设置	28. 切换效果设置
			29. 切换方式、计时设置
五	幻灯片放映设置	熟悉并掌握超链接使用	30. 设置超链接，编辑超链接
			31. 创建动作按钮，编辑动作按钮
		熟悉并掌握放映设置与操作	32. 隐藏幻灯片，取消隐藏幻灯片
			33. 自定义幻灯片放映
			34. 设置幻灯片放映方式
			35. 设置播放操作

序号	能力目标	具体要求	考试内容
六	演示文稿审阅与视图方式	熟悉拼写检查、批注使用	36. 拼写检查校对
			37. 添加批注，编辑批注
		了解与熟悉母版设计	38. 幻灯片母版设计：编辑母版、设置母版版式、设置母版主题、设置母版背景等
			39. 讲义母版与备注母版运用

第二部分
知识点介绍

Microsoft PowerPoint（简称 PPT）2010 是 Microsoft 公司开发的演示文稿应用程序，是 Microsoft Office 中的一个重要组件。它可以轻松地将文字、图表、图像、声音和视频等多种对象以极具视觉冲击力的方式放置于演示文稿的幻灯片中。我们在工作和生活中经常会用到 PPT 幻灯片演讲文稿。

一、PowerPoint 2010 的启动和退出

（一）启动 PowerPoint 2010

启动 PowerPoint 2010 通常有以下三种方法。

① 用开始菜单启动。在【开始】菜单中选择【所有程序】/【Microsoft Office】/【Microsoft PowerPoint 2010】命令，此时就会出现 PowerPoint 窗口。

② 用桌面快捷图标启动。双击桌面上的【Microsoft PowerPoint2010】程序图标。

③ 用已有 PowerPoint 演示文稿来启动。双击文件夹中的 PowerPoint 演示文稿文件（其扩展名为".pptx"）。

用第 1、第 2 两种方法启动 PowerPoint 2010，系统会在 PowerPoint 窗口中自动生成一个名为"演示文稿 1"的空白演示文稿（见图 4-1）。

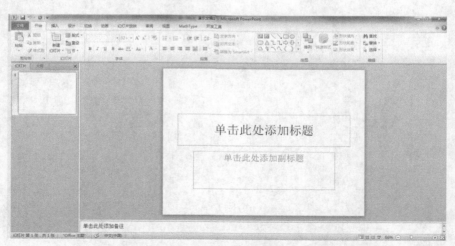

图 4-1　空白演示文稿窗口

（二）退出 PowerPoint 2010

退出 PowerPoint 2010 通常有以下几种方法。

① 单击 PowerPoint 窗口右上角的【关闭】按钮。

② 双击窗口快速访问工具栏左端的控制菜单图标。

③ 单击【文件】选项卡/【退出】命令。

④ 按组合键 "Alt+F4"。

二、PowerPoint 2010 工作界面

启动 PowerPoint 2010 后将进入其工作界面，熟悉其工作界面各组成部分是制作演示文稿的基础。PowerPoint 2010 工作界面主要由标题栏、【文件】菜单、快速访问工具栏、功能选项卡、功能区、"幻灯片/大纲" 预览窗格、编辑区、备注窗格和状态栏等部分组成，如图 4-2 所示。

图 4-2　PowerPoint 2010 窗口

PowerPoint 2010 工作界面的组成及作用大部分跟前面的 Word 2010、Excel 2010 类似，下面主要介绍不同的部分。

（1）"幻灯片/大纲" 预览窗格

"幻灯片/大纲" 预览窗格用于显示演示文稿的幻灯片数量、位置，通过它可以很方便地掌握整个演示文稿的结构。在 "幻灯片" 预览窗格下，将显示整个演示文稿中幻灯片的编号和缩略图；在 "大纲" 预览窗格下，列出了各幻灯片中的文本内容。

（2）编辑区

编辑区用于显示和编辑幻灯片，是使用 PowerPoint 2010 制作演示文稿的操作平台。

（3）备注窗格

备注窗格为幻灯片添加说明和注释的地方，供制作者或演讲者查阅幻灯片的信息。

（4）状态栏

状态栏用于显示演示文稿所选当前幻灯片和幻灯片总张数、幻灯片模板类型、视图切换按钮以及页面显示比例等信息。

三、PowerPoint 2010 视图

视图是 PowerPoint 文档在计算机屏幕上的显示方式。PowerPoint 2010 提供了四种视图：普通视图、幻灯片浏览视图、备注页视图和阅读视图。在视图选项标签下的"演示文稿视图"选项组中可以看到这四种视图按钮，如图 4-3 所示，利用它们可以切换到相应的视图方式。

图 4-3　PowerPoint 视图选择

（一）普通视图

当创建一个新的或者打开一个已有的演示文稿时，默认的视图就是普通视图，如图 4-4 所示。它是主要的编辑视图，用于处理单张幻灯片。它有三个可以调整大小的窗格：幻灯片窗格、大纲窗格和注释窗格，并且可以移动幻灯片位置和备注页方框，或是改变其大小。

（二）幻灯片浏览视图

在图 4-5 所示的幻灯片浏览视图中，可以缩小显示演示文稿中的所有幻灯片。在该视图中可以很容易的添加、删除、复制或移动幻灯片，还可以使用"幻灯片浏览"工具栏中的按钮来设置幻灯片的播放（放映）时间，选择其动画切换方式。

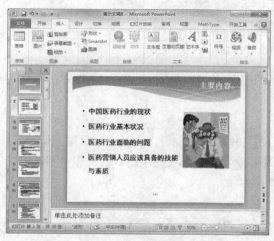

图 4-4　普通视图

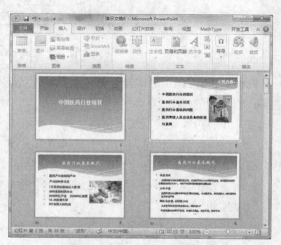

图 4-5　幻灯片浏览视图

（三）备注页视图

在该视图下，可以添加与幻灯片相关的说明内容。幻灯片缩略图下方带有备注页方框（见图 4-6），可以单击方框来输入备注文字。

（四）阅读视图

直接进入放映视图，只是其放映方式不同（见图 4-7）。

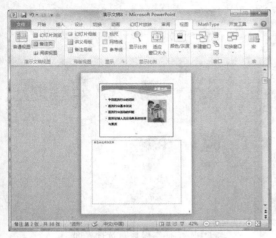

图 4-6　PowerPoint 备注页视图

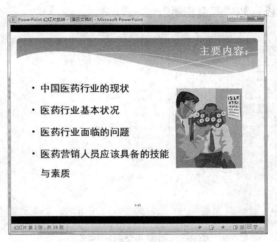

图 4-7　PowerPoint 阅读视图

四、创建演示文稿

PowerPoint 2010 的操作对象是演示文稿，创建一个美观、生动、简洁而且能准确表达演讲者意图的演示文稿是我们的目的。演示文稿是一个完整的演示文件，扩展名是 ".pptx"。相较于以往的版本，PowerPoint 2010 提供了多种创建演示文稿的方法，使创建演示文稿变得更加快捷方便。

创建演示文稿通常有以下几种方法。

（一）通过 Windows 的快捷菜单创建

在桌面或任意打开的文件夹窗口的空白处单击鼠标右键，在弹出的快捷菜单中选择【新建】/【Microsoft PowerPoint 演示文稿】命令，将新建一个空白演示文稿。

（二）空白演示文稿

启动 PowerPoint 2010 软件，选择【文件】/【新建】命令，进入新建演示文稿界面，如图 4-8 所示。在该界面中，PowerPoint 2010 提供了一系列创建演示文稿的方法。

选择【空白演示文稿】，再单击窗口右侧的【创建】按钮，即可创建一个新的演示文稿。

（三）样本模板

模板提供了演示文稿的范例，使用模板可以提高用户制作演示文稿的水平。下面用一个具体实例讲解如何用样本模板创建演示文稿。

例：使用【样本模板】创建以"药品管理.pptx"为名称的演示文稿，并保存到"D:\PPT 案例"文件夹里。

操作步骤：

① 启动 PowerPoint 2010 软件，在【文件】中选择【新建】，这时会出现图 4-9 所示的【可用的模板和主题】窗格；

② 在【主页】区单击【样本模板】，出现图 4-9 所示的界面，从中选取自己需要并喜欢的模板，如"都市相册"；

图 4-8 新建"空白演示文稿"

图 4-9 "样本模板"选择界面

③ 选好模板后，在右侧会出现其预览窗格，单击【创建】，则生成以"都市相册"为模板的演示文稿；

④ 单击演示文稿窗口快速访问工具栏上的【保存】按钮，或者单击【文件】/【另存为】，此时弹出【另存为】对话框，如图 4-10 所示；

图 4-10 【另存为】对话框

⑤ 在该对话框中保存演示文稿至"D：\PPT 案例"文件夹中，并在【文件名】栏中输入文件的名字"药品管理.pptx"，单击【保存】按钮。

⑥ 在【保存类型】下拉列表中可以选择"PowerPoint 97-2003 演示文稿"选项，将演示文稿保存为与 PowerPoint 低版本兼容的演示文稿。也可以选择"PowerPoint 放映"选项，将演示文稿保存成放映文件。

（四）主题

主题提供了演示文稿的风格，包含颜色、字体和效果的组合，可以为用户提供一套独立的方案应用于文件中。使用主题可以简化用户创建演示文稿的过程。

执行【文件】/【新建】命令，选择界面中间位置的【主题】命令，单击自己喜欢的主题，再单击窗口右侧的【创建】按钮，如图 4-11 所示。

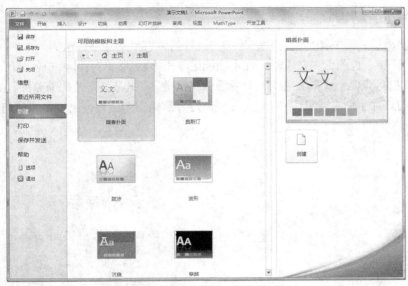

图 4-11　"主题"选择界面

（五）根据现有内容创建

根据现有内容新建演示文稿，就是根据现有的一个 PPT 演示文稿，再生成一个副本。

在图 4-8 所示的界面中，选择【根据现有内容新建】命令，就会弹出图 4-12 所示的对话框，在该对话框中选择相应的 PPT 文稿，即可创建一个副本文稿。

图 4-12　【根据现有内容创建】对话框

五、幻灯片的添加与管理

演示文稿和幻灯片这两个概念是有区别的。演示文稿是有限数量的幻灯片的集合，每张幻灯片都是演示文稿中既相互独立又相互联系的内容。

（一）添加幻灯片

创建演示文稿后，需要添加幻灯片，添加幻灯片通常有以下几种方法。

① 单击【开始】选项卡，在【幻灯片】功能区单击【新建幻灯片】命令（见图4-13）。

② 在窗口左侧幻灯片预览视图或者大纲预览视图中，右击某幻灯片的缩略图，在弹出的菜单中选择【新建幻灯片】命令（见图4-14），在该幻灯片缩略图的后面会出现一张新幻灯片。

图4-13 【开始】选项卡【新建幻灯片】命令 　图4-14 幻灯片预览视图右击菜单/【新建幻灯片】命令

③ 按"Ctrl+M"组合键。

（二）移动幻灯片

在窗口左侧的幻灯片预览视图或者大纲预览视图中，可以任意调整幻灯片的位置。方法是选择要移动的幻灯片，按住鼠标左键将其上下拖曳，至满意的位置松开鼠标即可。

（三）复制幻灯片

在幻灯片预览视图或者大纲预览视图中，右击要复制的幻灯片，在弹出的右键菜单中选择【复制幻灯片】命令（见图4-14）。

（四）隐藏幻灯片

有时一些幻灯片在放映时不想让它们出现，此时可以将其隐藏起来，待需要时再取消隐藏。

操作方法通常有以下两种。

①　在幻灯片预览视图或者大纲预览视图中，右击要隐藏的幻灯片，在弹出的右键菜单中选择【隐藏幻灯片】命令（见图 4-14）。

②　在幻灯片预览视图或者大纲预览视图中，单击选取要隐藏的幻灯片，执行【幻灯片放映】/【隐藏幻灯片】命令即可。此时，被隐藏的幻灯片旁会显示隐藏幻灯片的图标（见图 4-15）。

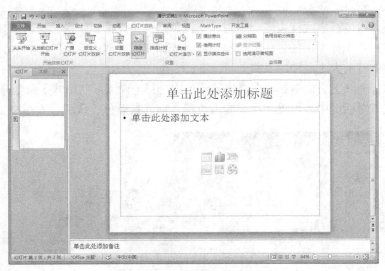

图 4-15　隐藏幻灯片

如需取消隐藏，再次执行【隐藏幻灯片】命令即可。

（五）删除幻灯片

在幻灯片预览视图或者大纲预览视图中，右击目标幻灯片，在出现的右键菜单中选择【删除幻灯片】命令。也可以选中目标幻灯片后，直接按删除键。

需要注意的是，在普通视图中移动、复制、隐藏和删除幻灯片，都是在"幻灯片"预览窗格内进行的。

六、版面布局

（一）幻灯片版式

幻灯片版式即幻灯片里面元素的排列组合方式。创建新幻灯片时，可以从预先设计好的幻灯片版式中进行选择。应用一个新的版式时，所有的文本和对象都保留在幻灯片中，但是可能需要重新排列它们以适应新版式。

幻灯片版式

默认情况下，演示文稿的第一张幻灯片是"标题幻灯片"版式，其他幻灯片是"标题和内容"版式，我们可以根据需要重新设置其版式。

重新设置版式的方法很简单，选中要设置的幻灯片，执行【开始】/【版式】命令，在弹出的菜单中选择相应的版式即可（见图 4-16）。

（二）占位符

新建一张幻灯片后，可以通过选择幻灯片版式来指定幻灯片内容在幻灯片上的排列方式。幻灯片版式由占位符组成，所谓占位符是指幻灯片页面中的虚线方框，起到固定对象位置的作用。占位符可放置文字（如标题和项目符号列表等）和幻灯片内容（如表格、图表、图片、形状和剪贴画等）。

单击占位符，占位符虚线框边缘会出现八个控制点，将光标置于占位符边框处，按住鼠标左键可移动占位符；将光标置于任意一个控制点处，光标变成"双向箭头"形状时，按住鼠标左键拖曳，可改变占位符的大小。

在占位符的边框线上右击鼠标，在弹出的菜单中选择【设置形状格式】命令，打开图 4-17 所示的对话框。在该对话框中，可进一步设置占位符，如线条颜色、线型、大小和位置等属性。

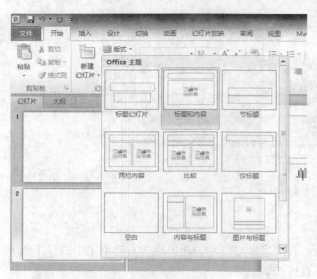

图 4-16　版式

图 4-17　【设置形状格式】对话框

七、项目符号和编号

项目符号和编号可以使演示文稿中的文本项目层次更加清晰，更有条理性。

选取要设置项目符号或编号的文本内容，执行【开始】/【项目符号和编号】命令（见图 4-18），在弹出的列表中直接选取相应的项目符号，或者可以单击下方的【项目符号和编号】，打开【项目符号和编号】对话框，如图 4-19 所示。

除了与 Word 类似的项目符号和编号外，幻灯片还提供了【图片】项目符号，里面设置了多种图片符号。

例：在"药品管理.pptx"中，插入一张新幻灯片，版式为"标题和文本"，并完成如下设置：

① 设置标题文字内容为"目录"，文字格式为：隶书、60 号字、加粗；

② 设置第 1 行的文本内容为"药品图片"，第 2 行的文本内容为"药品销售情况"，项目符号为"■"。

图 4-18 【项目符号和编号】命令   图 4-19 【项目符号和编号】对话框

操作方法：

① 打开"药品管理.pptx"，单击【开始】/【幻灯片】功能区/【新建幻灯片】，在弹出的列表中选择版式为【标题和内容】；

② 在标题处单击鼠标，输入文字"目录"。选取输入的文字，在【开始】/【字体】区修改其字体、字号并加粗；

③ 在正文处单击鼠标，输入"药品图片"，敲击回车键，输入"药品销售情况"；

④ 选取正文处输入的文字，单击【开始】/【段落】功能区/【项目符号】命令，在弹出的列表中找到相应的项目符号样式进行单击；

⑤ 保存文件。

八、页眉页脚及幻灯片编号

选择【插入】/【页眉和页脚】/【页眉和页脚】按钮，打开【页眉和页脚】对话框，单击【幻灯片】选项卡，选中相应的复选框，显示日期、幻灯片编号和页脚等内容，还可以设置固定的页眉。如：选中"标题幻灯片中不显示"复选框，可以使标题页幻灯片不显示页眉和页脚，如图 4-20 所示。

页眉页脚及
幻灯片编号

图 4-20 【页眉和页脚】对话框

九、艺术字

选择【插入】/【文本】/【艺术字】按钮，在打开的列表框中选择一种艺术字效果，输入文字"产品宣传"，在【绘图工具】/【格式】/【形状样式】中选择修改艺术字文本框的形状样式，如图 4-21 所示。

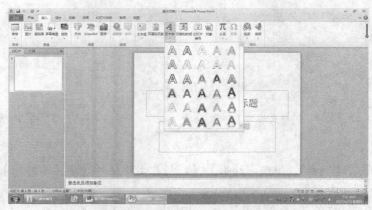

图 4-21 【插入艺术字】命令

十、图像

（一）插入图像

为了增强文稿的可视性，往往需要向演示文稿中插入一些图片、剪贴画等，从而使幻灯片丰富多彩。

（1）插入图片

要想插入电脑中以文件形式存储的图片，可以单击【插入】/【图像】/【图片】命令（见图 4-22），会弹出【插入图片】对话框（见图 4-23）。

图 4-22 【图片】命令　　　　　　　　图 4-23 【插入图片】对话框

（2）插入剪贴画

单击【插入】/【图像】/【剪贴画】命令，窗口右侧出现【剪贴画】任务窗格（见图 4-24）。在该任务窗格中，输入关键字或选择剪贴画的类型搜索剪贴画，选中相应的剪贴画即可插入到幻灯片。

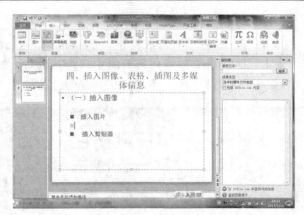

图 4-24　【剪贴画】任务窗格

（二）编辑图片

PowerPoint 2010 中的图片编辑功能是非常丰富的，比以往的几个版本都要强大许多。我们可以运用 PowerPoint 2010 中的图片美化功能，快速地将幻灯片个性化。

（1）调整图片的大小和位置

单击已插入的图片后，PowerPoint 2010 菜单栏中会自动添加并打开【图片工具-格式】选项卡（见图 4-25），在该选项卡的【大小】功能区可以对图片的"高度"和"宽度"进行简单设置。

图 4-25　【图片工具-格式】选项卡

如果单击【大小】功能区右下角的向下三角箭头按钮，会自动弹出【设置图片格式】对话框，并打开【大小】选项。在该对话框中，可以调节图片的尺寸、旋转角度和比例，如图 4-26 所示。

单击【位置】选项，可以调节图片在幻灯片上水平和垂直的位置，如图 4-27 所示。

图 4-26　【设置图片格式】对话框【大小】选项

图 4-27　【设置图片格式】对话框【位置】选项

（2）旋转图片

① 手动旋转图片。单击要旋转的图片，图片四周出现控制点，拖动上方绿色控制点即可随意

旋转图片。

② 精确旋转图片。在【图片工具-格式】选项卡【排列】功能区中找到【旋转】命令，会弹出图 4-28 所示的菜单。单击【其他旋转选项】，可打开图 4-28 所示的对话框，在【旋转】栏输入要旋转的角度。注意：正度数表示顺时针旋转，负度数表示逆时针旋转。

图 4-28 【旋转】命令

（3）用图片样式美化图片

单击【图片工具-格式】选项卡中的【图片样式】功能区【图片效果】，在打开的下拉列表中可以对图片应用不同的图片效果（见图 4-29），使图片看起来像素描、线条图形、绘画作品等。

在【图片样式】功能区列表框中（见图 4-30），提供了 28 种图片样式，在该列表中选择一种类型，也可以为当前图片添加一种样式效果。

图 4-29 【图片效果】下拉列表

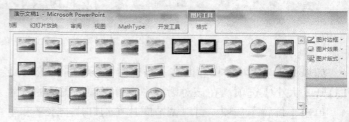

图 4-30 【图片样式】列表框

用户还可以根据需要进行颜色、图片边框、图片版式等项目的设置。

例：在"药品管理.pptx"中插入一张新幻灯片，版式为【标题和内容】，并完成如下设置：

① 在标题区输入文字：药品图片；

② 在标题下方区域插入一幅药品图片，设置图片的高度为"10.37 厘米"，宽度为"7.98 厘米"，并把图片至于顶层。

操作步骤：

① 版式的选定和内容的输入不再重复；

② 利用【插入】/【图像】功能区/【图片】，打开【插入图片】对话框，选择图片插入；

③ 单击插入的图片，在【图片工具-格式】/【大小】功能区，修改图片的高度和宽度；

④ 右键单击图片，在弹出的右键菜单中选择【置于顶层】，保存文件即可。

（三）插入形状

在幻灯片中插入形状主要有以下两种方法。

① 执行【插入】/【插图】功能区/【形状】，即可弹出包含丰富形状的下拉列表供用户选择（见图 4-31）。

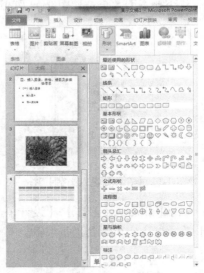

图 4-31　【插入】/【插图】功能区/【形状】

② 在【开始】/【绘图】功能区中的列表框中，也提供了形状的列表供用户使用（见图 4-32）。

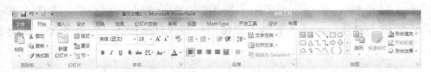

图 4-32　【开始】/【绘图】功能区/【形状】列表框

十一、SmartArt 图形

为了表达数据的关系，在 PowerPoint 中也会经常使用 SmartArt 图形。

单击【插入】/【插图】功能区/【SmartArt】按钮，打开【选择 SmartArt 图形】对话框，在对话框中选择 SmartArt 图形的类型，如选择【层次结构】选项，在对话框中选择样式，如选择【组织结构图】选项单击【确定】按钮，如图 4-33 所示。

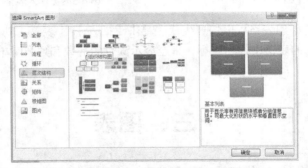

图 4-33　【选择 SmartArt 图形】对话框

插入 SmartArt 图形后，在自动打开的【在此处键入文字】窗格中输入文本，文档中的结构图中将同步显示输入的文本，也可以在 SmartArt 图形中单击需要输入文本的形状，再输相应文本，【在此处键入文字】窗格也将同步显示输入的文本，如图 4-34 所示。

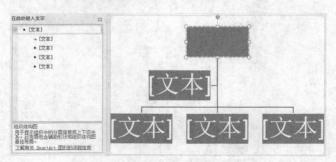

图 4-34 【在此处键入文字】窗格

对 SmartArt 图形进行编辑，单击【SmartArt 工具】/【设计】选项卡，通过【创建图形】组、【布局】组、【SmartArt 样式】组、【重置】组可对其进行编辑。

十二、表格

单击【插入】/【表格】功能区/【表格】按钮，在弹出的下拉列表中，单击【插入表格】命令，出现【插入表格】对话框，输入要插入表格的行数和列数即可（见图 4-35、图 4-36）。

图 4-35 【插入表格】命令

图 4-36 【插入表格】对话框

行数、列数较少的小型表格可以快速生成。单击【插入】/【表格】功能区/【表格】按钮，在弹出的下拉列表顶部的表格中拖动鼠标，直至显示满意的行数和列数时单击鼠标，即可快速插入相应行列的表格。

十三、图表

PowerPoint 2010 自带了多种图表样式，每种图表样式可以表示不同的数据关系，操作的方法也很简单。

① 打开目标幻灯片，执行【插入】/【插图】功能区/【图表】命令（见图 4-37），或者单击工具栏中的【插入图表】按钮。

② 弹出【插入图表】对话框（见图 4-38），在该对话框中选择图表的类型。先在该对话框左侧栏中选择图表的大类（如"柱形图"），然后在右侧选择图表的子类（如"簇状柱形图"），选好后单击【确定】。

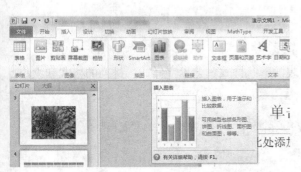

图 4-37　【图表】命令

图 4-38　【插入图表】对话框

③ 此时即可插入选择的图表样式，同时系统会自动打开一个名为"Microsoft PowerPoint 中的图表"的 Excel 2010 电子表格，其中显示了图表数据，如图 4-39 所示。把里面的数据改成我们需要的数据，然后单击窗口右上角的【关闭】按钮。

图 4-39　"Microsoft PowerPoint 中的图表"窗口

④ 返回演示文稿，就会发现幻灯片中已经插入了一张图表，选中它，调整好图表的大小，并将其定位在合适位置上即可。

⑤ 若要进一步对图表进行设置，选中它，菜单栏就会切换到【图表工具-设计】选项卡，如图 4-40 所示。在该选项卡中可以修改图表的类型、数据、图表布局和图表样式。同时，我们注意到【图表工具】中还有【布局】和【格式】选项卡，如图 4-41、图 4-42 所示。

在【图表工具-布局】选项卡中可以在图表中插入图片、形状和文本框，更改图表标签（包括图表标题、坐标轴标题、图例、数据标签和模拟运算表）、坐标轴、背景，还可以添加趋势线、误差线等以分析图表中的数据。

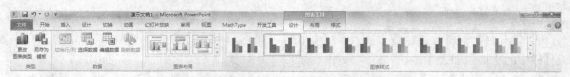

图 4-40 【图表工具-设计】选项卡

图 4-41 【图表工具-布局】选项卡

在【图表工具-格式】选项卡中可以修饰图表的形状样式、艺术字样式、排列的格式和大小，如图 4-42 所示。

图 4-42 【图表工具-格式】选项卡

例：利用图表分析药品销售数据。在幻灯片"药品销售情况"上插入图表，图表类型为"三维簇状柱形图"，在顶部显示图例。

操作步骤：

① 选择幻灯片"药品销售情况"，执行【插入】/【插图】功能区/【图表】命令，在弹出的【插入图表】对话框中，选择图表类型【柱形图】/【三维簇状柱形图】；

② 在弹出的 Excel 表格中编辑数据内容，编辑完成后单击窗口右上角的【关闭】按钮；

③ 返回"药品销售情况"幻灯片，单击【图表工具-布局】/【标签】功能区/【图例】命令，在列表中选择【在顶部显示图例】，调整好图表的大小和位置，保存文件。最后的效果如图 4-43 所示。

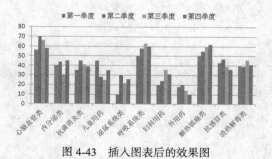

图 4-43 插入图表后的效果图

十四、多媒体信息

为演示文稿配上多媒体内容（声音和视频），可以大大增强演示文稿的播放效果。

1. 插入声音

① 执行【插入】/【媒体】功能区/【音频】/【文件中的声音】, 如图 4-44 所示, 然后在弹出的【插入音频】对话框中选择音频文件, 然后单击【插入】按钮, 此时在幻灯片中会出现一个小喇叭。

插入音频和视频

图 4-44 【音频】命令

② 单击小喇叭, 在幻灯片上会出现【音频工具】栏, 如图 4-45 所示。在【音频工具-格式】选项卡中可以对音频图标的样式等进行调整。

图 4-45 【音频工具-格式】

③ 单击【音频工具】栏下方的【播放】按钮, 打开【音频工具-播放】选项卡, 可以实现预览、编辑、更改音频选项等操作。

注意

插入的音频文件, 会在幻灯片中显示为一个小喇叭, 在幻灯片放映时, 通常会显示在画面里, 为了不影响播放效果, 通常将该图标隐藏。勾选【音频工具-播放】中【放映时隐藏】选项, 如图 4-46 所示。

图 4-46 【音频工具-播放】

例: 为 "药品管理.pptx" 添加背景音乐。

操作步骤:

① 打开 "药品管理.pptx" 的第一张幻灯片, 执行【插入】/【媒体】功能区/【音频】/【文件中的音频】, 在弹出的【插入音频】对话框中选择要添加的背景音乐, 单击【插入】按钮;

② 在上方出现的【音频工具-播放】选项卡中进行需要的设置, 勾选【放映时隐藏】复选框;

③ 利用动画进行相关设置。选中【动画】/【高级动画】功能区/【动画窗格】，在窗口右侧出现的动画窗格中单击添加的音乐，在下拉菜单中选择【效果选项】，弹出图 4-47 所示的对话框；

④ 设置背景音乐【开始播放】、【停止播放】等信息；

⑤ 切换到【计时】选项卡，设置背景音乐【重复】的次数，保存文件。

2. 插入视频

① 执行【插入】/【媒体】功能区/【视频】/【文件中的视频】，如图 4-48 所示，然后在弹出的【插入视频】对话框中选择视频文件，单击【插入】按钮。

图 4-47 【播放音频】

图 4-48 【视频】命令

② 视频插入到幻灯片后，单击视频窗口的【播放】或【暂停】按钮，视频就会播放或暂停播放。视频窗口可以调节视频播放画面向前或向后移动，还可以调节音量大小。

③ 单击插入的视频文件，在幻灯片上会出现【视频工具】栏，同样有【格式】和【播放】两个选项卡，可以对视频文件进一步设置，如图 4-49 所示。

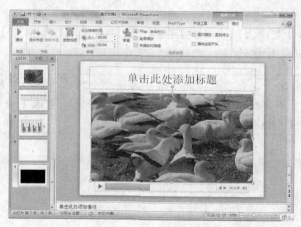

图 4-49 插入视频窗口

十五、超级链接

通常情况下，演示文稿中幻灯片的播放顺序由它们建立时排列的物理序号决定。使用系统提供的超链接、动作设置和动作按钮的功能，用户可以随意指定播放顺序,跳转到网页或者 PPT 的其他部分。下面我们分别介绍这三种命令。

（一）超链接

PowerPoint 2010 可以为幻灯片中的某个对象设置超链接，也可以在其中建立任意一个对象（如一段文字、一张图片等）。选中这个对象后，执行【插入】/【链接】功能区/【超链接】（见图 4-50），弹出【插入超链接】对话框。

在【插入超链接】对话框左侧的【链接到：】框中，提供了现有文件或网页、本文档中的位置、新建文档、电子邮件地址等选项，单击相应的位置就可以在不同项目中输入链接的对象。系统默认链接到的对象是【现有文件或网页】，如果要链接到网页，直接在对话框下方的【地址】栏输入需要链接的网页地址就可以。如

图 4-50 【超链接】命令

果要选择其他文件，可以单击【查找范围】右侧的【浏览文件】按钮，在出现的【链接到文件】对话框中找到文件的位置并双击。选择好链接的位置后，单击【确定】按钮即可，如图 4-51 所示。

图 4-51 【插入超链接】对话框

如果要链接本文档中的其他幻灯片，可以选择对话框左侧的【本文档中的位置】，如图 4-52 所示。然后在出现的【请选择文档中的位置】列表框中选择要链接的幻灯片，此时可在右侧的查看幻灯片预览，选择好后单击【确定】按钮。

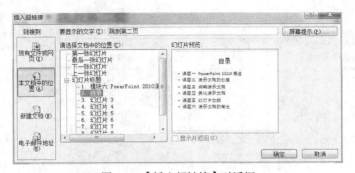

图 4-52 【插入超链接】对话框

默认状态下，编辑过超链接的对象下方会有一条下划线。

例：为"药品管理.pptx"中第二张幻灯片创建目录超链接。

操作步骤：

① 打开"药品管理.pptx"的第二张"目录"幻灯片，选取文本"药品图片"，执行【插入】/【链接】功能区/【超链接】命令，在弹出的对话框中选择【本文档中的位置】/第三张幻灯片"药品图片"，单击【确定】按钮；

② 选取文本"药品销售情况"，同样的方法，设置其超链接到第四张幻灯片"药品销售情况"，单击【确定】按钮即可。

（二）动作设置

在【链接】功能区，还有一个类似的命令——【动作】，选择要链接的对象后，单击此命令，会弹出图 4-53 所示的对话框。在该对话框中有【单击鼠标】和【鼠标移过】两个选项卡，如果要使用单击鼠标启动跳转，选择【单击鼠标】选项卡设置；如果要使用鼠标移过启动跳转，选择【鼠标移过】选项卡设置。

单击【超链接到：】下拉列表，就可以选择链接到的目标位置了，可以选择其他幻灯片、其他文件、URL 等选项，最后单击【确定】按钮。

除此之外，动作设置还可以附加【播放声音】来强调超链接，也可以通过勾选【单击时突出显示】来强调超链接。

（三）动作按钮

前两种方法的链接对象是幻灯片中的文字或图形，而动作按钮的链接对象是添加的按钮。

执行【插入】/【插图】功能区/【形状】/【动作按钮】，如图 4-54 所示，在【动作按钮】子列表中选择一种按钮样式单击，鼠标指针变为"+"字形状，此时可以在幻灯片中拖动鼠标画出动作按钮的图标，画好后会自动弹出【动作设置】对话框。接下来的设置同上边的【动作设置】。

图 4-53 【动作设置】对话框

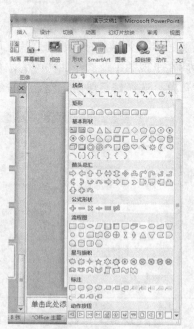

图 4-54 【动作按钮】

十六、母版和模板

（一）母版

如果我们希望为每一张幻灯片添加上一项固定的内容（比如公司的 Logo），可以利用"母版"功能来实现。母版可以用来存储模板设计的各种信息，包括字形、占位符大小和位置、背景设计和配色方案等，因此母版可以更改幻灯片的外观，为所有幻灯片设置默认版式和格式。

母版

单击【视图】，在【母版视图】功能区可以看到 PowerPoint 2010 中有三种母版，即幻灯片母版、讲义母版和备注母版。

1. 幻灯片母版

单击【幻灯片母版】，可以进入幻灯片母版的编辑模式，同时菜单自动跳转到【幻灯片母版】栏，如图 4-55 所示。在母版视图状态下，从左侧的预览窗格中可以看到 PowerPoint 2010 提供了 12 张默认母版，其中第一张为基础页，对它进行更改，自动会在其余的页面显示。更改需要的背景、颜色主题、动画或格式设置等，单击【关闭母版视图】，就可以把母版应用于幻灯片了。

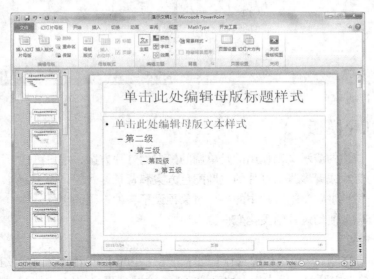

图 4-55　幻灯片母版

例：为演示文稿"药品管理.pptx"设置版式为【图片与标题】的母版，标题部分字体为隶书、加粗、40 号字；文字部分的字体为宋体、深蓝、20 号字。为演示文稿所有页右上角添加任意的 Logo 图标。

操作步骤：

① 打开"药品管理.pptx"，选择【视图】/【母版视图】功能区/【幻灯片母版】，进入幻灯片母版编辑状态；

② 在左侧预览窗格中选择版式为【图片与标题】的母版，在窗口中间编辑区依次选中标题占位符和文本占位符，并根据需要修改字体、加粗、颜色和字号；

③ 选择第 1 张母版，在右上角插入自己喜欢的 Logo 图标；

④ 单击【图片工具-格式】选项卡中的【关闭母版视图】按钮，退出母版视图，保存文件。

2. 讲义母版

讲义母版控制幻灯片以讲义形式进行显示。单击【讲义母版】后菜单会自动添加并跳转到【讲义母版】栏，如图 4-56 所示。在此栏中我们可以更改【幻灯片方向】、【每页幻灯片数量】，是否显示【页眉】、【页脚】、【日期】、【页码】等。

3. 备注母版

备注母版用于设置备注的格式，让备注具有统一的外观。单击【备注母版】后即可进入备注母版编辑状态，如图 4-57 所示。

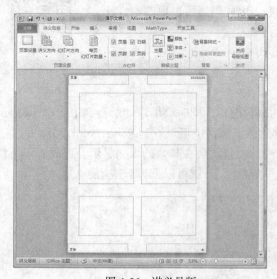

图 4-56　讲义母版

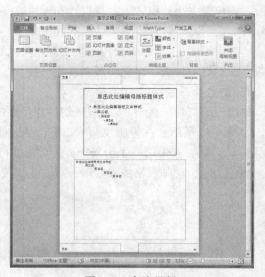

图 4-57　备注母版

（二）幻灯片模板

通常情况下，新建的演示文稿使用的是单调的黑白幻灯片方案，用户可根据需要改变每张幻灯片或者多张幻灯片的主题配色方案和背景样式等。而主题就类似配色方案，每种主题为幻灯片中的各个对象预设了各种不同的颜色，整体色彩搭配都较合理，使幻灯片的美化变得更为快捷。

模板

1. 应用设计模板

打开已有的演示文稿，从菜单栏中选择【设计】，在【主题】功能区就会看到幻灯片设计模板，如图 4-58 所示，单击主题列表框中靠右的下拉箭头，会看到更多的幻灯片设计模板，如图 4-59 所示。

图 4-58　【设计】

如果要直接将某个幻灯片设计模板应用于所有幻灯片，直接单击其图表即可；如果要将幻灯片设计模板只应用于特定幻灯片，需要先在幻灯片预览视图里选中该幻灯片，然后再右击该设计模板图标，在弹出的菜单中选择【应用于选定幻灯片】即可，如图 4-60 所示。

图 4-59　【主题】功能区下拉列表　　　　　　图 4-60　幻灯片设计模板右键菜单

2. 主题颜色、字体和效果

用户还可以在此基础上进行颜色、字体和效果设置，保存为一种新的主题，以便以后使用。

单击【主题】功能区右侧的【颜色】，如图 4-61 所示，可以看见多种配色方案，单击自己喜欢的配色方案即可。若该列表中没有喜欢的配色方案，还可以单击列表下方的【新建主题颜色】，在弹出的对话框中设计自己的配色方案，如图 4-62 所示。

图 4-61　主题【颜色】　　　　　　　　图 4-62　【新建主题颜色】

同样，单击【字体】和【效果】，可以更改已选主题的字体和效果，如图 4-63 和图 4-64 所示。

3. 背景

PowerPoint 2010 中可以为空白幻灯片应用背景，也可以对已应用了幻灯片模板或配色方案的一张或多张幻灯片修改背景。每个主题有 12 种背景样式，用户可以选择一种样式快速改变演示文稿中幻灯片的背景。

执行【设计】/【背景】功能区/【背景样式】，如图 4-65 所示，单击喜欢的背景样式即可将这种样式应用于所有幻灯片；如果只应用于当前幻灯片，可以单击鼠标右键，选择【应用于所选幻灯片】。

背景

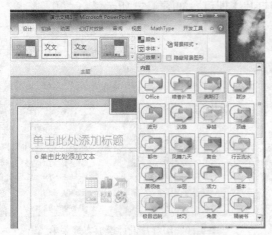

图 4-63　主题【字体】

图 4-64　主题【效果】

　　如果选择列表下方的【设置背景格式】命令，将弹出一个对话框，如图 4-66 所示，在该对话框中，可以将背景填充为纯色、渐变色、图片或纹理、图案等。单击【重置背景】按钮，则撤销本次设置，恢复设置前状态。若单击【全部应用】按钮，则改变所有幻灯片的背景。

图 4-65　【背景样式】

图 4-66　【设置背景格式】

例：在"药品管理.pptx"中进行背景格式的重新设置。

操作步骤：

① 单击【设计】/【背景】功能区/【背景样式】，在列表中选择【设置背景格式】命令；

② 在弹出的【设置背景格式】对话框【填充】项中，根据需要可以对背景格式重新设置；

③ 在【填充】项中若勾选【隐藏背景图形】复选框，则可以盖住已选应用设计模板的颜色。

十七、幻灯片放映

幻灯片动画

（一）设置动画效果

PowerPoint 2010 中可以为幻灯片中的某个对象添加动画效果。用户可以为幻灯片上图片、文本、形状、表格、SmartArt 图形和其他对象制作动画效果，同时可以指定对象的播放顺序。

1. 设置动画

具体有以下四种自定义动画效果。

（1）"进入"动画

"进入"动画是指为对象添加进入的动画效果。选中需要设置动画的对象，在菜单栏中单击【动画】（见图 4-67）/【高级动画】功能区/【添加动画】，在里面的【进入】类或【更多进入效果】（见图 4-68）中选择一种动画效果即可。

图 4-67 【动画】选项卡

（2）"强调"动画

"强调"动画就是对播放画面中的对象进行突出显示，在放映过程中引起观众注意的一类动画。

操作方法同样在菜单中单击【动画】/【高级动画】功能区/【添加动画】，在里面的【强调】类或【更多强调效果】中选择即可。

（3）"退出"动画

"退出"动画是与"进入"动画相对应的，可以为对象添加退出时的动画效果。

（4）"动作路径"

"动作路径"是让播放画面中的对象按指定路线移动。这些路线可以是 PowerPoint 2010 中内置的，也可以由用户自行设计动作路径。

以上四种动画，可以单独使用任何一种动画，也可以将多种效果组合在一起。除了上述的操作方法外，也可以直接在【动画】/【动画】功能区的【动画样式】列表框中实现。

图 4-68 【添加动画】

2. 设置动画属性

设置了一种动画效果后，还可以对该动画效果进一步设置，如设置对象的播放时间、动画的方向和播放的速度等。

（1）计时

为对象添加好动画后，接着在【计时】功能区中可以设置动画【开始】的方式：鼠标【单击时】开始、【与上一动画同时】开始、【上一动画之后】开始，如图 4-69 所示。

然后选择动画【持续时间】、是否【延迟】等。

（2）更改动画播放顺序

如果一张幻灯片中添加了多个动画，系统会自动按照添加的顺序将动画排序。图 4-70 中添加了四个动画，每个动画前面会有如"1""2""3""4"的序号标注，当幻灯片播放时，也会按照序号标注的顺序播放。有时，我们需要对动画播放的顺序进行调整，调整的方法也很简单。

① 在【计时】功能区调整播放顺序。单击需要重新排序的动画序号，如图 4-70 中的动画"2"。

此时该序号颜色会变成橙色，表示已选中第"2"个动画。同时，【计时】功能区中【对动画重新排序】中【向前移动】和【向后移动】两个按钮被激活，单击需要移动的按钮。

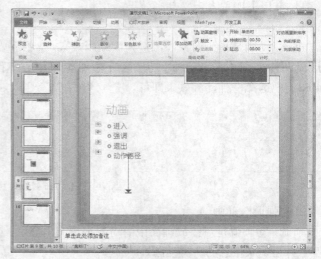

图 4-69 【计时】/【开始】

图 4-70 更改动画播放顺序前

② 利用【动画窗格】调整播放顺序。在【高级动画】功能区单击【动画窗格】按钮，此时窗口右侧会自动添加【动画窗格】的任务窗格，如图 4-71 所示。在该任务窗格中，选中需要调整的动画方案，按住鼠标左键，将其拖动到目标位置，松开鼠标即可。

（3）效果选项

动画属性大部分设置都可以在【效果选项】中完成。

为对象添加某个动画后，打开【动画窗格】。单击该动画右边向下的三角按钮，会弹出一个下拉列表，如图 4-72 所示。在列表中选择【效果选项】，会自动弹出一个对话框，如图 4-73 和图 4-74 所示。我们可以看到该对话框有【效果】和【计时】两个选项卡，之前设置的【方向】、【开始】、【延迟】等属性在该对话框中都可以设置。除此之外，在【效果】选项卡【增强】区中，还可以添加伴随动画的【声音】、【动画播放后】的效果以及【动画文本】的增强效果等。

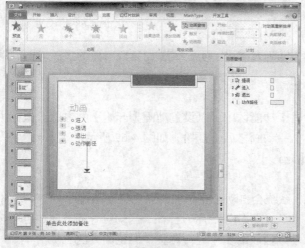

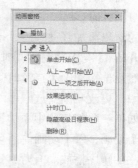

图 4-71 【动画窗格】

图 4-72 【效果选项】

图 4-73 【效果】选项卡

图 4-74 【计时】选项卡

例：打开"药品管理.pptx"，为第三张幻灯片添加动画效果，标题文字动画"弹跳、按字/词"，图片动画为"浮入、上一动画之后"。

操作步骤：

① 选中第三张幻灯片中标题文字，单击【动画】，从【动画】功能区列表框中选择【弹跳】效果，然后可以预览该效果；

② 在【动画】/【高级动画】功能区，单击【动画窗格】，在窗口右侧出现的【动画窗格】中单击动画 1 右侧向下的三角，在下拉菜单中选择【效果选项】；

③ 在该对话框【效果】选项卡中【动画文本】处选择【按字/词】，单击【确定】；

④ 选中图片，添加【浮入】动画效果，在【动画】/【计时】功能区/【开始】处选择【上一动画之后】。

（二）幻灯片切换效果

幻灯片切换效果是指给幻灯片添加切换动画，即放映过程中幻灯片换片时出现的效果。

幻灯片切换

1. 设置幻灯片切换效果

打开菜单中的【切换】选项卡，如图 4-75 所示，可以看到【切换到此幻灯片】功能区中有【切换方案】列表框和【效果选项】。在【切换方案】列表框右侧单击向下的箭头即【其他】按钮，可以看到有【细微型】、【华丽型】和【动态内容】三类切换效果，如图 4-76 所示。

图 4-75 【切换】选项卡

选择要应用切换效果的幻灯片，在【切换】/【切换到此幻灯片】组中，单击要应用于该幻灯片的切换效果即可。

2. 设置切换属性

在【效果选项】中设置好换片方向。在【计时】功能区中可以设置换片时是否伴随【声音】、换片【持续时间】以及【换片方式】。如果要把这种切换效果应用于所有幻灯片，还需要单击【全部应用】按钮。

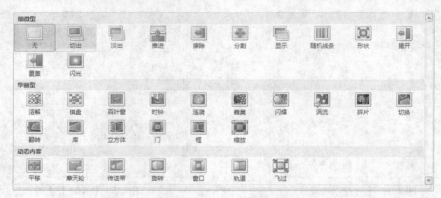

图 4-76 【切换方案】列表

3. 预览切换效果

在设置切换效果时，还可以预览所设置的切换效果。在【预览】功能区单击【预览】按钮，可以随时预览当前幻灯片的切换效果。

例：打开"药品管理.pptx"，设置第二张幻灯片图片出现的效果为"百叶窗，风铃声，持续时间 02.00"。

操作步骤：

① 选择第二张幻灯片，单击【切换】，然后单击【切换到此幻灯片】功能区列表框右下角处的下拉三角；

② 在【华丽型】中选择【百叶窗】，并在【计时】功能区设置【声音】为"风铃"，【持续时间】为"02.00"；

③ 保存文件，关闭演示文稿。

（三）幻灯片的放映

演示文稿制作完成后，可以放映幻灯片进行观看，掌握一些播放技能和技巧可以帮助做一场漂亮的讲解。

幻灯片的放映

1. 放映幻灯片

打开菜单中【幻灯片放映】选项卡，如图 4-77 所示。在【开始放映幻灯片】功能区，可以选择【从头开始】或者【从当前幻灯片开始】。

图 4-77 【幻灯片放映】选项卡

同样，单击窗口右下角视图按钮中的【幻灯片放映】按钮，则从当前幻灯片开始放映。

按 F5 键可以从头放映幻灯片。

2. 设置放映方式

幻灯片的放映有的由演讲者播放，有的让观众自行播放，这需要通过设置幻灯片放映方式进行控制。

① 单击【幻灯片放映】/【设置】功能区/【设置幻灯片放映】命令，打开【设置放映方式】对话框，如图 4-78 所示。

② 选择一种放映类型。在该对话框中，有三种放映类型供选择：演讲者放映、观众自行浏览和在展台浏览。选好后，确定【放映幻灯片】的范围，设置好【放映选项】。

③ 再根据需要设置好其他的选项，单击【确定】退出即可。

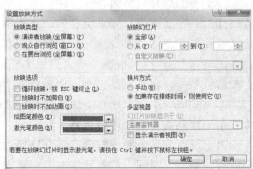

图 4-78　【设置放映方式】对话框

3. 播放演示文稿的常用操作

（1）控制演示文稿放映进程

在放映幻灯片时可以控制幻灯片的放映进程。

① 前进。鼠标单击；Enter 键；空格键；右击鼠标，在弹出的快捷菜单中选【下一张】；Page Down 键；按向下或向右的方向键；在屏幕左下角单击【下一页】按钮。

② 后退。Backspace 键；右击鼠标，在弹出的快捷菜单中选【上一张】；Page Up 键；按向上或向左的方向键；在屏幕左下角单击【上一页】按钮。

③ 退出。按 ESC 键；鼠标右击，在弹出的快捷菜单中选【结束放映】；在屏幕左下角单击 ▤ 按钮，在弹出的菜单中选择【结束放映】。

④ 改变放映顺序。若要改变放映顺序，右击鼠标，在弹出的放映控制菜单中单击【定位至幻灯片】，自动弹出所有幻灯片标题，如图 4-79 所示，单击目标幻灯片标题，即可从该幻灯片开始放映。

（2）在幻灯片放映时写字或绘画

在播放过程中，可以在屏幕上画出重点内容或绘画。

在放映过程中，右击鼠标，在弹出的快捷菜单中选【指针选项】/【笔】，如图 4-80 所示。此时，鼠标变成一支"笔"，可以在屏幕上随意写字或绘画。

图 4-79　放映控制菜单

图 4-80　【指针选项】

在【指针选项】中还可以选择【荧光笔】进行写字和绘画。【墨迹颜色】选项可修改笔的演示。如果希望删除已标注的墨迹，可以单击【橡皮擦】命令或【擦除幻灯片上所有的墨迹】命令进行删除。

在退出播放状态时，系统会提示"是否保留墨迹注释"，根据需要选择即可。

（3）在幻灯片放映时查看备注

作为一个演讲者，经常会在演示文稿中添加一些备注信息，而在放映演示文稿时，又只想让自己看到这些备注，而观众只看到演示内容，那么应该如何做呢？

① 首先在连接了投影（或者第二个显示器）的情况下，在桌面右键单击【屏幕分辨率】，选中投影机型号，将下面第三个选项设置成【扩展显示内容】，并单击【确定】按钮。

② 在 PowerPoint 2010 中切换到【幻灯片放映】选项卡，勾选【使用演示者视图】，在【显示位置】下拉列表中选择【监视器2】。

以上设置好后，播放时会实现分屏播放，即投影机显示演示文稿内容，计算机上显示演示文稿内容、备注、时间、幻灯片缩略图和激光笔等。

（4）排练计时

排练计时功能使幻灯片依据记录的时间自动放映。

执行【幻灯片放映】/【设置】功能区/【排练计时】，如图4-81所示，即可打开排练计时开始录制，如图4-82所示。

排练计时

图4-81 【排练计时】

图4-82 开始【录制】

4. 自定义演示文稿放映

一份 PPT 演示文稿，如果需要根据观众的不同有选择地放映，可以通过【自定义幻灯片放映】来实现。

自定义放映

① 执行【幻灯片放映】/【开始放映幻灯片】功能区/【自定义幻灯片放映】/【自定义放映】命令，打开【自定义放映】对话框，如图4-83所示。

② 单击【新增】按钮，打开【定义自定义放映】对话框，如图4-84所示。

图4-83 【自定义放映】对话框

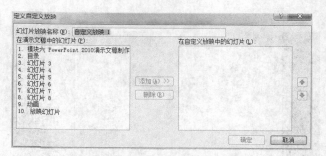

图4-84 【定义自定义放映】对话框

③ 输入一个放映方案的名称（如"会议"），然后在 Ctrl 键的协助下选择要放映的幻灯片，单击【添加】按钮，添加完成后单击【确定】返回。

④ 在需要放映某个方案时，再次打开【自定义放映】对话框，选择相应的放映方案，单击【放映】按钮即可放映。

十八、演示文稿输出

（一）打印

执行【文件】/【打印】命令，如图 4-85 所示，单击【整页幻灯片】，在弹出的列表中【讲义】区选择每页打印的张数，如图 4-86 所示。此时在窗口右侧会自动出现打印预览。然后再设置其他参数，单击【打印】按钮即可。

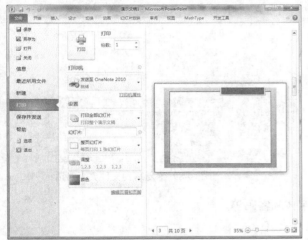

图 4-85 【打印】命令

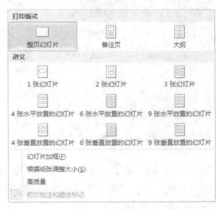

图 4-86 每页打印张数

（二）演示文稿打包和使用

演示文稿制作完成后有时需要打包发给别人，PowerPoint 2010 提供将演示文稿打包并刻录成 CD 的功能，给用户带来了更加便捷的应用。

1. 打包演示文稿

打包演示文稿的具体操作步骤如下。

打包

① 打开要打包的演示文稿，执行【文件】/【保存并发送】/【将演示文稿打包成 CD】命令，单击【打包成 CD】按钮，如图 4-87 所示。此时，弹出【打包成 CD】对话框，如图 4-88 所示。

② 在该对话框中，【将 CD 命名为】栏中更改默认的 CD 名称。若要添加其他演示文稿，单击【添加】按钮，出现【添加文件】对话框，从中选择要打包的文件，单击【添加】按钮返回。

③ 单击【复制到文件夹】，出现【复制到文件夹】对话框，输入文件夹名称和存放的路径，如图 4-89 所示。单击【确定】按钮，则系统开始打包演示文稿并存放到指定的文件夹。

④ 如果需要刻录该文件，在光驱中放入空白光盘，单击【复制到 CD】，出现【正在将文件复制到 CD】对话框，提示复制的进度。

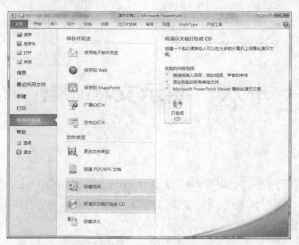

图 4-87 【打包成 CD】命令

图 4-88 【打包成 CD】对话框

图 4-89 【复制到文件夹】对话框

⑤ 单击【选项】，还可以进一步设置字体和密码等。

⑥ 完成打包，自动弹出复制完成的文件夹。

2. 打包文件的使用

演示文稿打包完成后，可以在没有安装 PowerPoint 2010 的情况下，仍能放映演示文稿。

双击打开打包文件夹中的 "PresentationPakage" 文件夹。在联网情况下，双击该文件夹的 PresentationPackage.html 网页文件，在打开的网页上单击 "Download Viewer" 按钮，下载 PowerPoint 播放器 PowerPointViewer.exe 并安装。

第三部分
经典例题及详解

【例1】创建与编辑演示文稿

参照样张，完成如下操作：

（1）使用"样本模板"创建演示文稿，模板类型为"宽屏演示文稿"，清空1～4张幻灯片中的内容，删除5～8张幻灯片；

（2）编辑这4张幻灯片，2～4张幻灯片版式分别为"比较""自定义"和"两栏内容"，幻灯片的内容可使用"例题及详解素材\0001"文件夹下文件名为"博物馆．docx"文档中的文字；

（3）在第2张幻灯片标题中添加批注"博物馆学定义"，设置下方文本框字体颜色为标准色中的紫色、字号22、文本行距30磅；

（4）在第3张幻灯片中将文本的简体字转换为繁体字；

（5）在第4张幻灯片中将标题设置为"阴影"效果；

（6）在"例题及详解素材\0001"文件夹下将演示文稿以"博物馆.pptx"为文件名保存，并以同名另存为"XPS文档"类型的文件。

【素材】博物馆.docx（见图4-90）

博物馆

博物馆学
1）中国博物馆学定义
博物馆学是研究博物馆的性质、特征、社会功能、实现方法、组织管理和博物馆事业发展规律的科学。
2）国际博物馆协会定义
博物馆学是一种对博物馆的历史和背景、博物馆社会中的作用，博物馆的研究、保护、教育和组织，博物馆与自然环境的关系以及对不同博物馆进行分类的研究。

博物馆学学科目标
1）提供良好的公共服务。
2）促进博物馆的发展，以便将来更好地为社会服务。

博物馆学分支学科
1）理论博物馆学
2）博物馆方法学
3）博物馆管理学
4）历史博物馆学
5）普通博物馆学
6）专门博物馆学

图4-90　素材

【样张】（见图4-91）

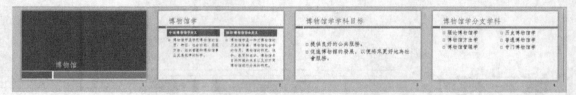

图 4-91　样张

【答案与解析】

（1）【解析】本题知识点为演示文稿的创建，幻灯片内容的清空及多余幻灯片的删除。

操作步骤：

步骤 1：进入 Microsoft PowerPoint 2010，单击【文件】菜单下的【新建】，在列出的可用的模板和主题中选择"样本模板"（见图 4-92），再单击选择"宽屏演示文稿"类型（见图 4-93），单击窗口右侧【创建】按钮；

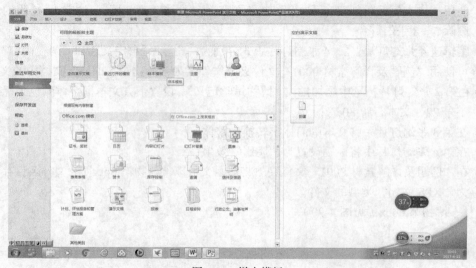

图 4-92　样本模板

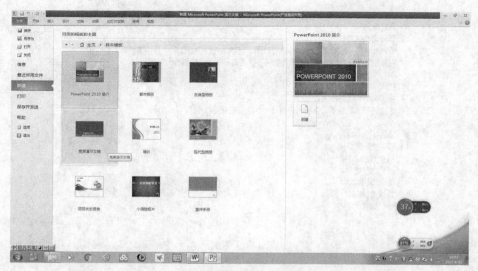

图 4-93　宽屏演示文稿

步骤2：在第1~4张幻灯片中选择模板中所有已存在的文字、图片和图表等内容，选中后按键盘上的"Delete"键进行删除；

步骤3：在左侧幻灯片列表区域找到第5~8张幻灯片，依次用鼠标右键单击幻灯片，在弹出的右键菜单中选择"删除幻灯片"。

（2）【解析】本题知识点为幻灯片版式的设置，幻灯片中文字的添加。

操作步骤：

步骤1：单击选中第2张幻灯片，在【开始】菜单下单击【版式】的下拉按钮，在所列出的版式中选择"比较"（见图4-94），依此方法分别为第3张和第4张幻灯片设置"自定义"和"两栏内容"版式；

图4-94 "比较"版式

步骤2：进入 Microsoft Word 2010，单击【文件】菜单下的【打开】，打开题目中指定的"博物馆.docx"；

步骤3：参照样张，选择"博物馆.docx"文件中相应的文字，按 Ctrl+C 组合键进行复制，再切换到幻灯片中，在相应的占位符中单击鼠标左键，按 Ctrl+V 组合键进行粘贴。

（3）【解析】本题知识点为批注的插入，文字格式的编辑。

操作步骤：

步骤1：选中第2张幻灯片的标题文字，单击【审阅】菜单下的【新建批注】按钮，在弹出的批注文本框中输入"博物馆学定义"（见图4-95）；

步骤2：选中第2张幻灯片标题下方的文本，单击【开始】菜单下【字体颜色】的下拉按钮，选择标准色中的"紫色"；单击【开始】菜单下【字号】的下拉按钮，选择"20"；单击【开始】菜单下段落区域右下角的箭头，打开段落对话框，在"缩进和间距"选项卡中设置行距为"固定值"，"设置值"为"30磅"（见图4-96）。

（4）【解析】本题知识点为简体字与繁体字之间的转换。

操作步骤：

选中第3张幻灯片中的文本，单击【审阅】菜单下"中文简繁转换"区域中的【简转繁】按钮即可。

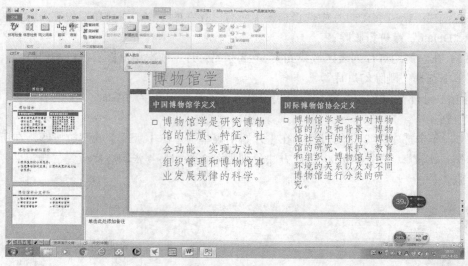

图 4-95　新建批注

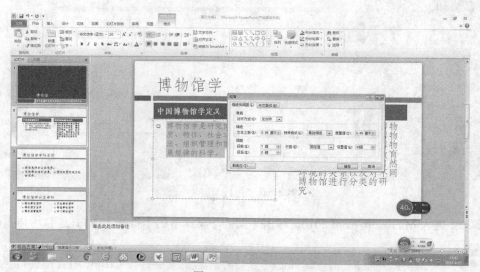

图 4-96　段落设置

（5）【解析】本题知识点为文字效果的设置。

操作步骤：

选中第 4 张幻灯片中的标题文字，单击【开始】菜单下"字体"区域中的【文字阴影】按钮即可。

（6）【解析】本题知识点为演示文稿的保存。

操作步骤：

步骤 1：单击【文件】菜单下的【另存为】，在"另存为"对话框中设置文件的保存路径为题目要求的"例题及详解素材\0001"文件夹，文件名为"博物馆"，文件类型为"powerpoint 演示文稿"（见图 4-97）；

步骤 2：单击【文件】菜单下的【另存为】，在"另存为"对话框中设置文件的保存路径为题目要求的"例题及详解素材\0001"文件夹，文件名为"博物馆"，文件类型为"XPS 文档"（见图 4-98）。

图 4-97　另存为 PowerPoint 演示文稿

图 4-98　另存为 XPS 文档

【例 2】修饰美化演示文稿

打开"例题及详解素材\0002"文件夹中的"馆藏文物.pptx"文件，参照样张，完成如下操作：

（1）应用"都市"主题、背景样式"样式 12"修饰所有幻灯片；

（2）为所有幻灯片设置固定日期"2015-06-25"，幻灯片编号，标题幻灯片不显示；

（3）第 1 张幻灯片添加备注文字"大都会艺术博物馆馆藏文物"；

（4）第 4 张幻灯片添加备注页，并设置形状格式为"线性向下"渐变填充，文字为"大都会艺术博物馆杰作"。

【素材】馆藏文物.pptx（见图 4-99）

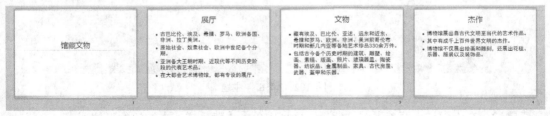

图 4-99　素材

【样张】（见图 4-100 和图 4-101）

图 4-100　样张 1

【答案与解析】

（1）【解析】本题知识点为演示文稿的整体设计。

操作步骤：

步骤 1：打开"例题及详解素材\0003"文件夹中的"馆藏文物.pptx"，在【设计】菜单下的"主题"区域中展开所有主题，单击"都市"主题（见图 4-102）；

图 4-101　样张 2

图 4-102　"都市"主题

步骤 2：在【设计】菜单下的"背景"区域中单击【背景样式】按钮的下拉列表，选择"样式 12"（见图 4-103）。

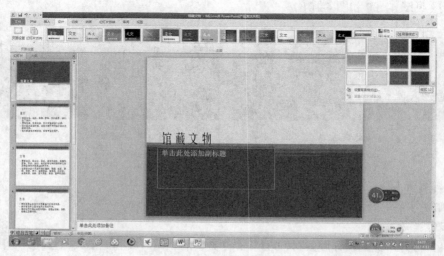

图 4-103　样式 12

（2）【解析】本题知识点为幻灯片页眉和页脚的编辑。

操作步骤：

步骤 1：单击【插入】菜单下"文本"区域中的【日期和时间】按钮，打开"页眉和页脚"对话框，在"幻灯片"选项卡中钩选"日期和时间"复选项，选中"固定"并填写"2016-06-25"；

步骤 2：在"页眉和页脚"对话框的"幻灯片"选项卡中钩选"幻灯片编号"和"标题幻灯片中不显示"（见图 4-104）。

（3）【解析】本题知识点为幻灯片备注文字的添加。

操作步骤：

单击选中第 1 张幻灯片，在幻灯片编辑区域下方单击"单击此处添加备注"，输入文字"大都会艺术博物馆馆藏文物"。

（4）【解析】本题知识点为幻灯片备注页的编辑。

操作步骤：

步骤 1：单击选中第 4 张幻灯片，单击【视图】菜单下"演示文稿视图"区域中的【备注页】，进入备注页视图模式，在"单击此处添加文本"区域输入"大都会艺术博物馆杰作"；

步骤 2：鼠标右键单击备注文本占位符，在弹出的右键菜单中选择"设置形状格式"，在"设置形状格式"对话框中选择"填充"/"渐变填充"，"类型"为"线性"，"方向"为"线性向下"（见图 4-105）；

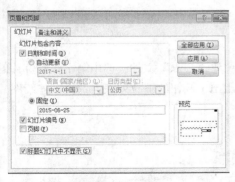

图 4-104 页眉和页脚

图 4-105 设置形状格式

步骤 3：单击【文件】菜单中的【保存】，以原名和原路径保存演示文稿。

【例 3】编辑多媒体演示文稿

打开"例题及详解素材\0003"文件夹中的"建筑.pptx"文件，参照样张，完成如下操作：

（1）将第 1 张幻灯片的文本转换为 SmartArt 图形，布局为"连续图片列表"，"嵌入"样式，两个图片区域分别插入"例题及详解素材\0003"文件夹下的"图片 1.jpg""图片 2.jpg"，颜色更改为"彩色-强调文字颜色"；

（2）打开"例题及详解素材\0003"文件夹下的"建筑_1.pptx"文件，截取其中正面的图片放置在"建筑.pptx"文件第 2 张幻灯片标题下方，大小为 15*24 厘米，位置距幻灯片左上角水平 0.75 厘米，垂直 3 厘米。

（3）在第3张幻灯片右下角以缩略图的形式插入"例题及详解素材\0003"文件夹下的"图片3.jpg"，设置对象大小为8×10厘米，调整图片大小与对象大小相当。

【素材】建筑.pptx（见图4-106）

图4-106　素材

【样张】（见图4-107）

图4-107　样张

【答案与解析】

（1）【解析】本题知识点为SmartArt图形的编辑。

操作步骤：

步骤1：打开"例题及详解素材\0003"文件夹中的"建筑.pptx"文件，选中第1张幻灯片的文本，在【开始】菜单的"段落"区域的【转换为SmartArt】按钮的下拉列表，选择"连续图片列表"（见图4-108）；

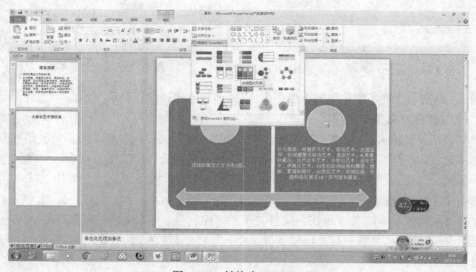

图4-108　转换为SmartArt

步骤2：选中刚刚转换的 SmartArt 图形，在【SmartArt 工具】菜单组的【设计】菜单中，找到"SmartArt 样式"区域，展开所有样式，选择"嵌入"样式；

步骤3：鼠标左键单击第1个图形中圆形区域正中间的图片标识，在打开的对话框中浏览"例题及详解素材\0003"文件夹下的"图片 1.jpg"，单击【打开】插入图片，同理在第2个图形中插入"例题及详解素材\0003"文件夹下的"图片 2.jpg"；

步骤4：选中 SmartArt 图形，在【SmartArt 工具】菜单组的【设计】菜单中，找到"SmartArt 样式"区域，在区域中单击【更改颜色】按钮的下拉列表，选择"彩色-强调文字颜色"（见图 4-109）。

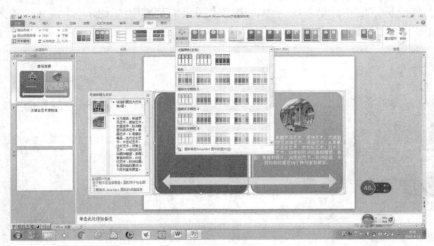

图 4-109　更改颜色

（2）【解析】本题知识点为图片的截取及格式编辑。

操作步骤：

步骤1：打开"例题及详解素材\0003"文件夹下的"建筑_1.pptx"文件，单击选中幻灯片中的图片，在【图片工具】/【格式】菜单的"大小"区域中单击【裁剪】按钮，在图片中拖动4个调整点，将外围多余的部分裁掉，保留中间完整图像（见图 4-110），再次单击【裁剪】按钮取消裁剪状态，按键盘上的"Ctrl+C"组合键复制图片，切换到"建筑.pptx"的第2张幻灯片，按键盘上的"Ctrl+V"组合键粘贴图片；

图 4-110　裁剪

步骤2：鼠标右键单击图片，在右键菜单中选择"大小和位置"，在打开的对话框中首先选择【大小】，取消"锁定纵横比"，设置高为15，宽为24厘米，再选择【位置】，设置距幻灯片左上角水平0.75厘米，垂直3厘米。

（3）【解析】本题知识点为缩略图的应用。

操作步骤：

步骤1：单击选中第3张幻灯片，在【插入】菜单的"文本"区域中选择【对象】，在对角列表中选择"Microsoft PowerPoint 演示文稿"（见图4-111），在已插入的对象中单击"单击此处添加标题"处，使光标定位在标题占位符中，单击【插入】菜单中的【图片】按钮，插入"例题及详解素材\0003"文件夹下的"图片3.jpg"文件；

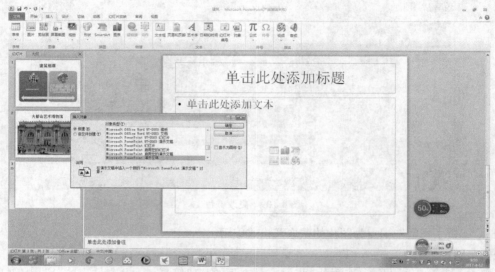

图4-111　插入对象

步骤2：鼠标左键单击对象以外的幻灯片区域，再右键单击对象，在右键菜单中选择"设置对象格式"，在"设置对象格式"对话框中设置对象大小，取消"锁定纵横比"，设置高为8厘米，宽为10厘米；

步骤3：将对象拖放到幻灯片的右下角，双击对象中的图片，通过图片调整点，调整图片大小与对象大小相当（见图4-112）。

单击此处添加标题

图4-112　调整图片

【例4】为演示文稿设置放映及切换方式

打开"例题及详解素材\0004"文件夹中的"镇馆典藏.pptx"文件，参照样张，完成如下操作：

（1）将第2张幻灯片中，设置幻灯片外侧图片"直线"的动作路径，其效果选项设置为"靠左"方向；

（2）在第3张幻灯片中，将文本先后设置为"缩放"进入和"画笔颜色"强调的动画效果；

（3）在第4张幻灯片中，将 SmartArt 图形设置为"轮子"进入的动画效果，其效果选项设置为"逐个""倒序"组合图形；

（4）设置所有幻灯片切换方式为"推进"，效果选项为"自右侧"的效果。

【素材】镇馆典藏.pptx（见图4-113）

图 4-113　素材

【样张】（见图4-114）

图 4-114　样张

【答案与解析】

（1）【解析】本题知识点为动画编辑之"动作路径"。

操作步骤：

步骤1：打开"例题及详解素材\0004"文件夹中的"镇馆典藏.pptx"文件，选中第2张幻灯片，找到并单击幻灯片右外侧的图片，在【动画】菜单下的"动画"区域中展开所有动画，选择"动作路径"组中的"直线"；

步骤 2：在【动画】菜单下的"动画"区域中单击【效果选项】按钮下拉列表，选择方向为"靠左"（见图4-115）。

（2）【解析】本题知识点为动画编辑之"进入"动画和"强调"动画。

操作步骤：

步骤1：选中第3张幻灯片中的文本，在【动画】菜单下的"动画"区域中展开所有动画，选择"进入"组中的"缩放"；

步骤2：在【动画】菜单下的"动画"区域中展开所有动画，选择"强调"组中的"画笔颜色"。

（3）【解析】本题知识点为动画的添加及效果选项的设置。

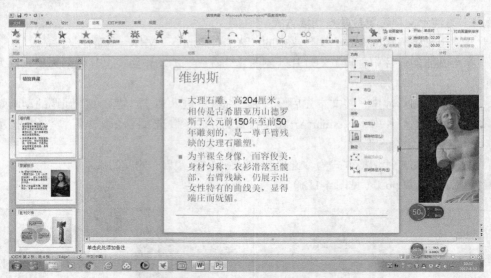

图 4-115　动作路径设置

操作步骤：

步骤 1：选中第 4 张幻灯片，再单击选中其中的 SmartArt 图形，在【动画】菜单下的"动画"区域中展开所有动画，选择"进入"组中的"轮子"；

步骤 2：在【动画】菜单下的"动画"区域右下角单击箭头打开"轮子"对话框，选择"SmartArt 动画"选项卡，设置"组合图形"为"逐个"，并钩选"倒序"（见图 4-116）。

图 4-116　SmartArt 动画

（4）【解析】本题知识点为幻灯片的切换。

操作步骤：

在【切换】菜单中的"切换到此幻灯片"区域，展开所有切换效果，在其中选择"推进"，再单击"切换到此幻灯片"区域的【效果选项】按钮下拉列表，设置为"自右侧"的效果（见图 4-117），最后单击【切换】菜单中"计时"区域的【全部应用】按钮。

图 4-117 效果选项

【例 5】综合应用

打开"例题及详解素材\0005"文件夹中的"绘画馆雕塑馆.pptx"文件，参照样张，完成如下操作：

（1）从"例题及详解素材\0005"文件夹下"绘画馆雕塑馆_1.pptx"文件中选取第 1、2、4 张幻灯片，选择保留源格式，插入到已打开的演示文稿第 1 张幻灯片之后；

（2）将不被任何幻灯片使用的母版删除，并在使用"pixel"的幻灯片母版中，设置幻灯片的背景样式为"样式 6"；

（3）在第 2 张幻灯片文本下方插入"例题及详解素材\0005"文件夹下的视频文件"影片.mpg"，并设置在幻灯片放映时自动、循环播放。

【素材】绘画馆雕塑馆.pptx（见图 4-118），绘画馆雕塑馆_1.pptx（见图 4-119）

图 4-118 素材 1

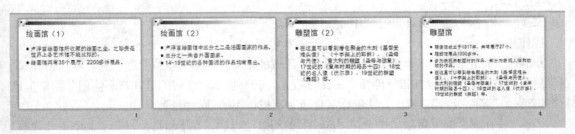

图 4-119 素材 2

【样张】（见图 4-120）

图 4-120　样张

【答案与解析】

（1）【解析】本题知识点为幻灯片的重用。

操作步骤：

步骤 1：打开"例题及详解素材\0005"文件夹下"绘画馆雕塑馆.pptx"文件，在【开始】菜单的"幻灯片"区域，选择【新建幻灯片】按钮下拉列表中的"重用幻灯片"（见图 4-121），在右侧便会打开"重用幻灯片"向导窗口；

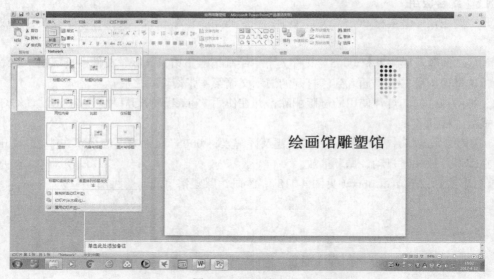

图 4-121　重用幻灯片

步骤 2：在向导中单击【浏览】，选择"浏览文件"，按给定路径选择"绘画馆雕塑馆_1.pptx"文件，在向导窗口下方钩选"保留源格式"，再依次单击第 1、2、4 张幻灯片进行插入（见图 4-122）。

（2）【解析】本题知识点为幻灯片母版的应用。

操作步骤：

步骤 1：单击【视图】菜单下"母版视图"区域的【幻灯片母版】按钮进入到母版视图方式。在母版左侧列表中，将鼠标指针停留在一张母版上，若有提示"任何幻灯片都不使用"则单击鼠标右键选择"删除版式"，依此方法删除其他所有不被使用的母版版式；

步骤 2：在剩余的母版版式中选择"pixel"的幻灯片母版，在【幻灯片母版】菜单下"背景"区域中单击【背景样式】按钮下拉列表，选择"样式 6"（见图 4-123）；

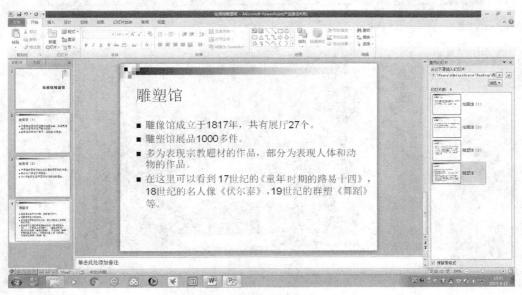

图 4-122　插入幻灯片

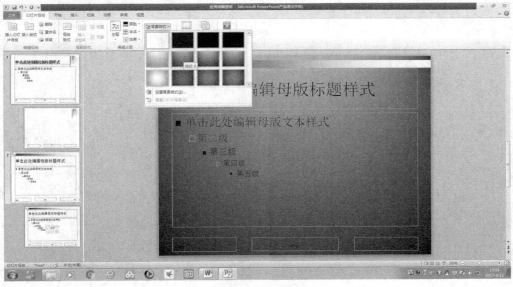

图 4-123　背景样式

步骤 3：单击【视图】菜单下"演示文稿视图"区域的【普通视图】按钮返回到普通视图方式。

（3）【解析】本题知识点为视频文件的插入及编辑。

操作步骤：

步骤 1：单击【插入】菜单下"媒体"区域中【视频】按钮，浏览选中"例题及详解素材\0005"文件夹下的视频文件"影片.mpg"；

步骤 2：选中插入的视频，将其拖放到合适位置，在【视频工具】/【播放】菜单下选择"循环播放，直到停止"；在"开始"中选择"自动"实现自动播放直到停止（见图 4-124）。

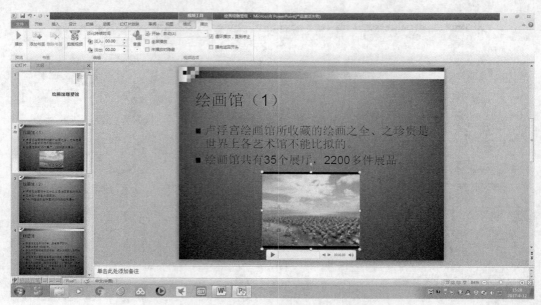

图 4-124　播放设置

第四部分
模拟试题

模拟题一

一、新建一空演示文稿，参照样张（见图 4-125），完成如下操作：

图 4-125　样张

（1）再插入 3 张新幻灯片；

（2）制作 4 张幻灯片的内容，内容可利用"文档素材 0101"文件中的文字，标题及副标题字体参见样张；

（3）在第 1 张幻灯片中，设置标题文字为阴影、蓝色（RGB=0，0，255）；设置副标题文字右对齐；

（4）在第 2 张幻灯片中，设置文本为字号 29，段前间距 13 磅；

（5）为第 3 张幻灯片选取"两栏内容版式"，文字内容位置参照样张；

（6）在第 4 张幻灯片中，将文本的项目符号进行修改，如样张所示；

（7）为所有幻灯片设置固定日期为"2017 年 1 月 1 日"、幻灯片编号、页脚为"天气常识"，选取标题幻灯片中不显示；

（8）将演示文稿以"答案 0101.pptx"为文件名保存。

二、修饰美化演示文稿，打开"文稿素材 0102"文件，完成如下操作：

（1）应用"夏至"设计模板修饰所有幻灯片；

（2）设置第 1 张幻灯片的背景为"碧海青天"，预设颜色的渐变填充效果，且选择"左上到右下"的线性填充；

（3）设置幻灯片大小为自定义，26 厘米宽，21 厘米高；

（4）设置幻灯片的编号起始值为 15。

三、打开"文稿素材 0103"参照样张（见图 4-126），完成如下操作：

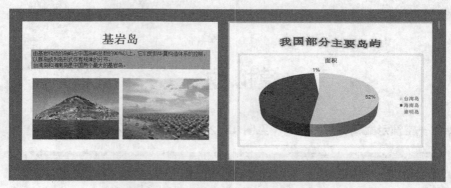

图 4-126　样张

（1）在第 1 张幻灯片中，插入"图片素材 0103.jpg"和影片"影片素材 0103.wmv"（在幻灯片放映时自动播放）。图片和视频大小为 8×11 厘米，图片和视频位置距幻灯片左上角分别为水平1.5 厘米、垂直 7.5 厘米和 13 厘米、垂直 7.5 厘米；

（2）在第 1 张幻灯片中，设置文本框填充颜色为水绿色（RGB=51，204，204）；

（3）在第 2 张幻灯片中，将标题艺术字修改为艺术字样式为第 1 行第 1 列，艺术字形状为波形 1，文字填充色为自定义（RGB=50，50，200），水绿色，8pt 发光的文字效果；

（4）在第 2 张幻灯片中，参照样张，使用占位符制作一个饼图，数据由"文档素材 0103"文件提供，并选择百分比数据标签。

四、打开"文稿素材 0104"，完成如下操作：

（1）将第 1 张幻灯片设置为"仅标题"的版式；

（2）在第 2 张幻灯片中，将文本第 3 段文字设置为"玩具风车"进入的动画效果，其效果选项设为非常快，"打字机"声音，"按字/词"动画文本；将图片设置为"轮子"进入的动画效果，其效果选项设为从上一动画之后开始；进入后播放"放大/缩小"的强调效果，方向为水平；

（3）设置所有幻灯片切换为"棋盘式"，方向为"自顶部"；

（4）隐藏第 3 张幻灯片；

（5）在第 4 张幻灯片中，将标题设置超链接至第 1 张幻灯片；在右下角创建一个大小为 2.4厘米宽，1.2 厘米高的"自定义"动作按钮，单击结束放映。

五、打开"文档素材 0105"，完成如下操作：

（1）从"文稿素材 0105-1.pptx"文件中选取第 1、2、4 张幻灯片，选择保留源格式，插入到已打开的演示文稿第 1 张幻灯片之后；

（2）在第 2 张幻灯片中使用的 cascade 母版中，设置标题文本框为"绿色大理石"纹理的填充效果；

（3）在第 3 张幻灯片中，将组织结构图转换为 SmartArt，顶级形状的三维效果设置为"松散嵌入"式棱台，其三维表面效果设置为"亚光效果"。

模拟题二

一、打开演示文稿"文稿素材 0201"文件，参照样张（见图 4-127），完成如下操作：

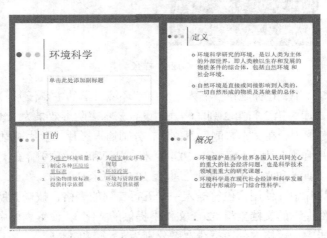

图 4-127　样张

（1）在第 1 张幻灯片后插入 3 张新幻灯片；

（2）为第 3 张幻灯片选取"两栏内容版式"；

（3）制作后 3 张幻灯片的内容，内容可利用"文档素材 0201"文件中的文字；

（4）在第 2 张幻灯片中，设置正文文本的段后间距为 24 磅；

（5）在第 3 张幻灯片中，添加项目编号：左侧为"1. 2. 3."右侧为"4. 5. 6."，颜色为深蓝色（RGB=0，102，102），大小为"85%"字高；

（6）在第 4 张幻灯片中，设置标题文字为 46 号倾斜；

（7）为所有幻灯片设置幻灯片编号，选取标题幻灯片中不显示；

（8）将演示文稿以"答案 0201.pptx"为文件名保存，并以同名另存为"PowerPoint 放映"文件类型的文件，保存文件夹为考生文件夹。

二、修饰美化演示文稿，打开"文稿素材 0202"文件，完成如下操作：

（1）应用"穿越"主题修饰第 1 张幻灯片；

（2）设置第 2 张幻灯片的背景为来自考生文件夹下的"图片素材 0202.jpg"文件的图片填充效果；

（3）应用主题颜色为"默认设计方案 9"修饰第 3 张幻灯片；

（4）设置幻灯片大小为"35 毫米幻灯片"；

（5）设置幻灯片的编号起始值为 22。

三、打开"文稿素材 0203"参照样张（见图 4-128），完成如下操作：

（1）为第 1 张幻灯片选取"标题和内容"版式，然后将文本字号设置为 28，按样张调整文本框的大小和位置；

图 4-128　样张

（2）在第 1 张幻灯片中，在标题位置插入艺术字"环境科学的主要任务"，字体为楷体，字号为 60，选取艺术字样式库中第 2 行第 2 列的样式，设置艺术字阴影效果为"预设外部向右偏移"；

（3）在第 1 张幻灯片中，在文本右侧上下位置，分别插入影片"影片素材 0203.wmv"和"图片素材 0203.jpg"。图片和视频大小均为 6.1×10.6 厘米，视频和图片位置距幻灯片左上角分别为水平 13.5 厘米、垂直 4.7 厘米和水平 13.5 厘米、垂直 10.93 厘米；

（4）在第 2 张幻灯片中，使用占位符插入一个五行二列的表格，按样张所示，填入相应的文字内容（使用考生文件夹下的文档素材 0203 文件中提供的文字），设置表格中的所有内容字号为 20，水平居中，垂直居中；表格内外边框线宽度分别为 1.5 磅和 4.5 磅。

四、打开"文稿素材 0204"，完成如下操作：

（1）在第 1 张幻灯片中，在副标题中创建一个大小为 0.9 厘米高，1.5 厘米宽的"帮助"按钮，选择单击时播放风铃声音，设置当"鼠标移过"时超链接至第 3 张幻灯片；

（2）隐藏第 2 张幻灯片；

（3）在第 3 张幻灯片中，将文本设置为"阶梯状"进入的动画效果，方向向左上，效果选项设为快速，从上一动画之后开始，"按字母"动画文本；

（4）在第 4 张幻灯片中，设置文本中"研究物理环境"文字的超链接至第 1 张幻灯片；

（5）设置所有幻灯片切换为"随机线条"，"风声"声音，每隔两秒换片。

五、打开"文档素材 0205"　参照样张，完成如下操作：

（1）从"文稿素材 0205-1.pptx"文件中选取第 2、3、4 张幻灯片，选择保留源格式，插入到已打开的演示文稿第 1 张幻灯片之后；

（2）在第 4 张幻灯片使用的 watermark 母版中，设置标题文本框为"画布"纹理的填充效果；

（3）在第 4 张幻灯片中，为标题中的"噪声"两字填加批注"音高和音强变化混乱、听起来不谐和的声音"。

模拟题三

一、新建一空的演示文稿文件，参照样张（见图 4-129），完成如下操作：

（1）在第 1 张幻灯片后插入 3 张新幻灯片；

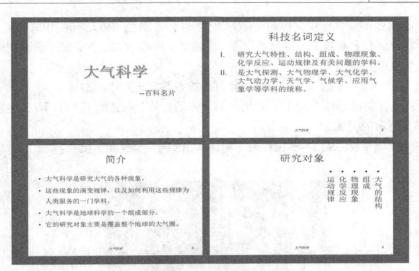

图 4-129 样张

（2）制作幻灯片的内容，内容可利用"文档素材 0301"文件中的文字；

（3）在第 1 张幻灯片中，设置标题文字为仿宋体，66 号，加粗，阴影，颜色（RGB=200，100，50）设置副标题文字右对齐；

（4）将第 2 张幻灯片项目符号改为"罗马数字"编号；

（5）将第 3 张幻灯片文本的行距设置 1.5 倍行距，添加备注文字"大气科学简介"；

（6）为第 4 张幻灯片选取"标题和竖排文字"版式；

（7）为所有幻灯片设置编号，页脚为"大气科学"，选择标题幻灯片不显示；

（8）将演示文稿以"答案 0301.pptx"为文件名保存到考生文件夹。

二、修饰美化演示文稿，打开"文稿素材 0302"文件，参照样张（见图 4-130），完成如下操作：

图 4-130 样张

（1）编辑第 1 张幻灯片：设置标题文字为黑体 60 号，颜色（RGB=60,140,140），插入样张所示形状，为形状设置右上对角透视的黑色阴影，设置形状的叠放层次如样张，删除副标题占位符，设置背景样式为 9；

（2）对第 3 张幻灯片中的英文文章进行修订，检查并更正其中的错误；

（3）设置幻灯片的起始编号为 18，并插入第 4 张幻灯片，对其使用"奥斯汀"主题进行修饰。在其中制作样张所示的公式。

三、打开"文稿素材 0303"参照样张（见图 4-131），完成如下操作：

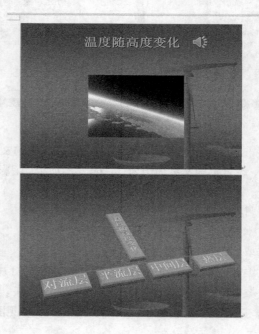

图 4-131　样张

（1）为第 1 张幻灯片选取"标题和内容"版式；

（2）在第 1 张幻灯片中，使用占位符插入来自"图片 0303.jpg"文件的图片，设置图片大小为高 8 厘米，宽 11 厘米，图片位置距幻灯片左上角分别为水平 7.7 厘米，垂直 6.7 厘米；

（3）在第 1 张幻灯片的标题右侧插入声音素材"0303.mp3"，设置它为背景音乐，循环播放直到停止；

（4）在第 2 张幻灯片中，删除标题占位符，使用占位符插入一个组织结构图，输入各形状的文字内容（参照样张），设置组织结构图的样式为鸟瞰场景，将其中第 1 层形状的文字更改为竖向，字号为 28，形状高 10 厘米，宽 2 厘米。

四、打开"文稿素材 0304"，完成如下操作：

（1）在第 3 张幻灯片中，将文本设置为"圆形扩展"进入的动画效果，其效果选项设为快速，"按字母"且 15%延迟动画文本，单击鼠标时开始，动画播放后文字变成红色；

（2）设置所有幻灯片切换为"中央向上下展开式"分割效果，"鼓掌"声音；

（3）在第 4 张幻灯片中，将标题设置超链接至"文档素材 0304.doc"文件；

（4）新建一个名称为"地球大气"的自定义放映，设置放映顺序为原演示文稿幻灯片 1、3、4、2；

（5）选择自定义放映"地球大气"为幻灯片放映方式。

五、打开"文档素材 0305"参照样张（见图 4-132），完成如下操作：

图 4-132 样张

（1）从"文稿素材 0305-1.pptx"文件中选取第 1、2 张幻灯片，选择保留源格式，插入到已打开的演示文稿第 1 张与第 2 张幻灯片之间；

（2）在第 2 张幻灯片使用的 competition 母版中，设置标题文本框为 30%图案填充，填充颜色为纯红背景，纯蓝前景；

（3）在第 4 张幻灯片中，将循环图转换为 SMARTART，设置为"强烈效果"，设置为逆时针指向（如样张），再设置该图示为"弹跳"退出动画效果。

模拟题四

一、打开"文稿素材 0401"文件，参照样张（见图 4-133），完成下列操作：

图 4-133 样张

（1）删除第 5 张幻灯片；

（2）在第 1 张幻灯片中，设置标题文字为黑体，72 号，红色（RGB=255，0，0）设置副标题文字为下划线；

（3）为第 2 张幻灯片选取为"标题和内容"版式，为该幻灯片文本中的"岩石圈"文字添加批注文字"六大板块"；

（4）将第 3 张幻灯片中的文本设置段后间距 7 磅；

（5）在第 4 张幻灯片中，将文本的后四行增加一级缩进量，项目符号修改为如样张所示；

（6）为所有幻灯片设置页脚"海洋科学"，并取消幻灯片编号；

将演示文稿以"答案 0401.pptx"为名保存，并以同名另存为"演示文稿设计模板"文件类型的文件。

二、打开"文稿素材 0402"文件，参照样张（见图 4-134），完成如下操作：

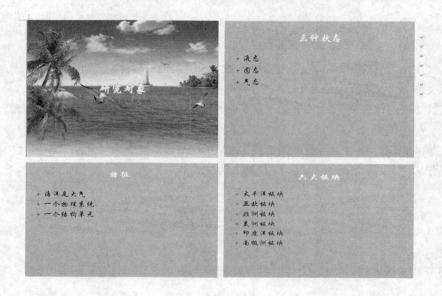

图 4-134　样张

（1）应用"行云流水"主题修饰所有幻灯片；

（2）设置第 1 张幻灯片的背景为来自"图片素材 0402"文件的图片填充效果；

（3）为第 2 张幻灯片添加备注文字"三种状态"；

（4）新建主题颜色修饰第 4 张幻灯片：将"文字/背景—深色 2"定义为颜色（RGB=190,40,20）；

（5）设置幻灯片的编号起始值为 15；

（6）设置幻灯片大小为"A4 纸张"。

三、打开"文稿素材 0403"文件，参照样张（见图 4-135），完成如下操作：

（1）在第 1 张幻灯片中，插入"影片素材 0403"和"图片素材 0403"中，视频和图片大小均为 8.5×11.5 厘米，视频和图片位置距幻灯片左上角分别为水平 1.1 厘米、垂直 7.73 厘米，和水平 12.95 厘米、垂直 7.73 厘米；

（2）在第 2 张幻灯片中，插入一个三行二列的表格，按样张所示，填入相应的文字内容（使用文档素材 0403 中的文字）将第 1 行的单元格合并，设置表格中的所有内容水平居中，垂直居中，所有文字字号为 18，调整表格大小如样张，表格内、外边框线宽度分别为 2.25 磅和 4.5 磅；

图 4-135 样张

（3）插入第 3 张幻灯片，设置为"标题和内容"版式，在其中应用占位符制作 SmartArt "层次结构为水平多层层次结构"，参照样张设置文字内容（可使用第 1 张幻灯片文字）及文字方向。

四、打开"文稿素材 0404"文件，完成如下操作：

（1）将第 1 张幻灯片中的超级链接删除；

（2）预览第 2 张幻灯片的动画效果；

（3）在第 3 张幻灯片中，将右侧图片设置为"切入"进入的动画效果，其效果选项高为"右侧"方向，快速，将标题设置为"向内溶解"进入的动画效果，其效果选项设为"爆炸"声音，"按字母"且 30% 延迟动画文本，单击鼠标开始；

（4）设置所有幻灯片切换为"棱形"形状的切换效果，每隔两秒自动换片；

（5）设置放映类型为"观众自行浏览"，放映时不加旁白。

五、打开"文稿素材 0405"文件，完成如下操作：

（1）从"0405_1.pptx"文件中选取第 1、3、4 张幻灯片，选择保留源格式，插入到已打开的演示文稿第 1 张幻灯片之后；

（2）在第 3 张幻灯片中，将棱锥图转换为 SmartArt 图形，金属场景，设置棱锥图为自左侧"飞入"进入动画效果，"风铃"声音。

模拟题五

一、创建与编辑演示文稿（参照样张：见图 4-136）：

（1）新建 1 个"空白演示文稿"，再添加 3 张新幻灯片；

（2）参照样张，编辑 4 张幻灯片，幻灯片的内容可使用"青海省.docx"文档中提供的文字，副标题和幻灯片的标题需录入；

（3）参照样张，在第 1 张幻灯片中，设置标题文字为隶书、60 号字、自定义颜色（RGB= 0,0, 255）；设置副标题文字右对齐；

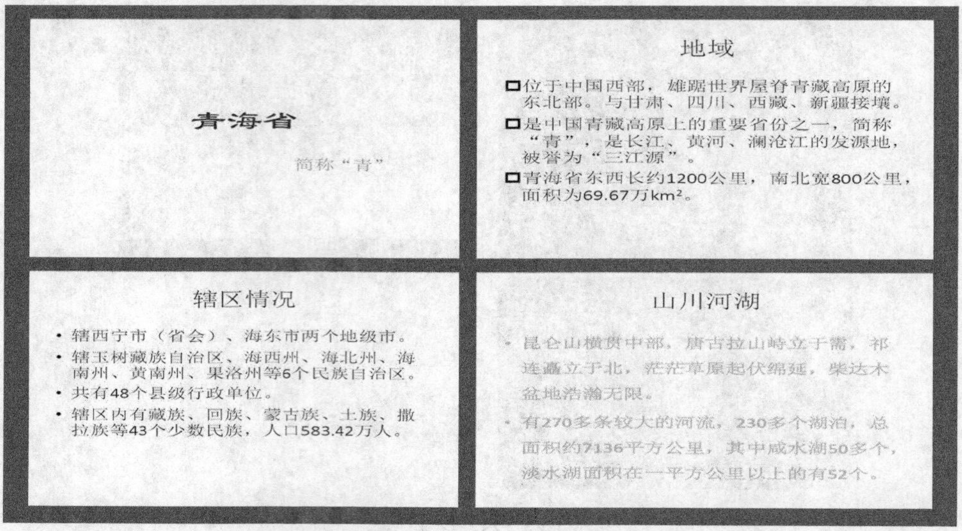

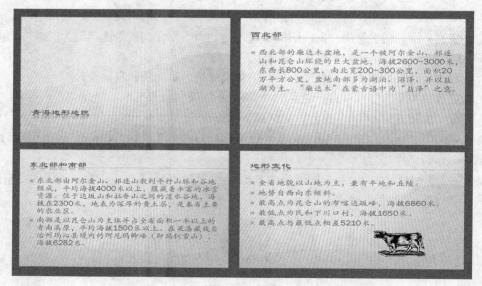

图4-136　样张

（4）参照样张，在第2张幻灯片中，设置文本项目符号为"□"；将正文中面积的单位"平方公里"改为"km²"（2为上标）；

（5）参照样张，在第4张幻灯片中，设置文本正文为标准色中的橙色、加粗、1.5倍行距；

（6）将演示文稿保存为"答案01.pptx"，并以同名另存为"PDF"类型的文件。

二、修饰美化演示文稿（参照样张：见图4-137）：

图4-137　样张

（1）打开"青海地貌.pptx"文件；

（2）应用"跋涉"主题修饰所有幻灯片；

（3）使用"样式9"背景样式修饰第2张幻灯片；

（4）在第4张幻灯片中，在右下角插入"Cows"剪贴画；添加备注文字"青海地形"；

（5）设置幻灯片大小为"A4纸张"；

（6）设置显示幻灯片编号；

（7）设置幻灯片编号起始值为11；

（8）保存文件。

三、编辑多媒体演示文稿（参照样张：见图4-138）：

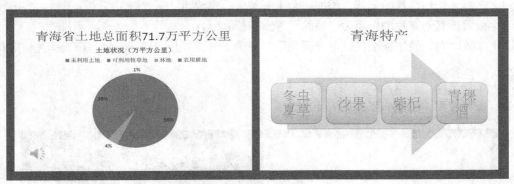

图4-138　样张

（1）打开"青海省情.pptx"文件；

（2）在第1张幻灯片中，使用图表占位插入一个"饼图"类型的图表；输入图表数据表内容（使用"土地状况.docx"文档中所附数据表的内容）；设置图表布局为"布局2"、图表样式为"样式2"；

（3）在第1张幻灯片中，插入"声音.mp3"的声音文件，设置"自动"开始播放，声音图标置于幻灯片左下方；

（4）在第2张幻灯片中，使用SmartArt占位符插入一个"连续块流程"图形，添加一个形状，分别输入"冬虫夏草、沙果、柴杞、青稞酒"，设置"细微效果"SmartArt样式，选取"填充-蓝色，强调文字颜色1，金属棱台，映像"艺术字样式修饰所有形状中的文字；

（5）保存文件。

四、为演示文稿设置放映及切换方式（参照样张：见图4-139）：

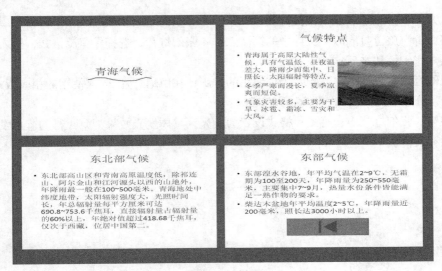

图4-139　样张

（1）打开"青海气候.pptx"文件；

（2）在第2张幻灯片中，将左侧文本设置为"飞入"进入的动画效果，其效果选项设为"自左侧"方向、"风铃"声音、"按字母"组合文本；设置右侧图片为"回旋"进入的动画效果，并设置从"上一动画之后"开始、重复2次；

（3）在第4张幻灯片的下部，添加一个【开始】动作按钮；

（4）设置所有幻灯片的切换为"擦除"、持续时间2秒；

（5）在放映时，使用标准色红色"荧光笔"在第1张幻灯片标题下方划一横线标注，并保留墨迹；

（6）保存文件。

五、综合应用（参照样张：见图4-140）：

图4-140 样张

（1）打开"青海旅游.pptx"文件；

（2）将"青海旅游_1.pptx"文件中的第2、3、4张幻灯片，选择保留源格式，插入到打开的演示文稿第1张幻灯片之后；

（3）在幻灯片母版视图中，删除未被使用的母版；在由幻灯片2～4使用的相应版式母版中，将文本框的填充设置为"20%"图案填充效果；

（4）在第3张幻灯片中，将图片格式设置为发光，具体发光效果为第3行的蓝色发光变体；

（5）保存文件。